D. Milatovic
I. Braveny

Infektionen

Mit freundlicher Empfehlung
überreicht durch

D. Milatovic · I. Braveny

Infektionen

Praktische Hinweise
zur antimikrobiellen
Therapie und Diagnostik

2., erweiterte Auflage

Friedr. Vieweg & Sohn · Braunschweig/Wiesbaden

Privatdozentin Dr. Danica Milatovic

Professor Dr. Ilja Braveny

Institut für Medizinische Mikrobiologie
Abteilung für Infektionshygiene
Klinikum r.d. Isar der TU
Trogerstraße 32, 8000 München 80

CIP-Kurztitelaufnahme der Deutschen Bibliothek:

Infektionen
Praktische Hinweise
zur antimikrobiellen
Therapie und Diagnostik

ISBN-13: 978-3-528-07997-0   e-ISBN-13: 978-3-322-84022-6
DOI: 10.1007/978-3-322-84022-6

Die Wiedergabe von Gebrauchsnamen, Handelsnamen, Warenbezeichnungen usw. in diesem Buch berechtigt auch ohne besondere Kennzeichnung nicht zu der Annahme, daß solche Namen im Sinne der Warenzeichen- und Warenschutzgesetzgebung als frei zu betrachten wären und daher von jedermann benutzt werden dürfen.

Der Verlag Vieweg ist ein Unternehmen der Verlagsgruppe Bertelsmann.

Alle Rechte vorbehalten
© Fried. Vieweg & Sohn Verlagsgesellschaft mbH, Braunschweig 1989

Das Werk einschließlich aller seiner Teile ist urheberrechtlich geschützt. Jede Verwertung außerhalb der engen Grenzen des Urheberrechtsgesetzes ist ohne Zustimmung des Verlags unzulässig und strafbar. Das gilt insbesondere für Vervielfältigungen, Übersetzungen, Mikroverfilmungen und die Einspeicherung und Verarbeitung in elektronischen Systemen.

Inhaltsverzeichnis

Seite

Allgemeine Hinweise zur Chemotherapie 6

Mikroskopische Untersuchung 8

Chemotherapeutika 13

   Freinamen – alphabetisches Verzeichnis 14

   Handelsnamen – alphabetisches Verzeichnis 16

   Einteilung der Chemotherapeutika 18

   Charakterisierung der einzelnen Chemotherapeutika:
   Spektrum, Pharmakokinetik, Dosierung, Neben-
   wirkungen 21

      Antibakterielle Substanzen 22
      Antimykotika 96
      Tuberkulostatika 104
      Virustatika 113
      Chemotherapeutika in der klinischen Prüfung...117

Initialtherapie bei verschiedenen Organinfektionen 119

Erregerspezifische Antibiotikatherapie 148

Spezifische Infektionserkrankungen 153

Antibiotika-Prophylaxe in der Chirurgie 196

Endokarditis-Prophylaxe 200

Antibiotika in der Schwangerschaft 202

Serumspiegel-Bestimmungen 204

Infektionsprophylaxe für Reisende..206

Bestimmungen im internationalen Reiseverkehr...210

Materialentnahme für die bakteriologische Diagnostik 217

Systematik der wichtigsten bakteriellen Erreger 226

Index 230

Verzeichnis der Abkürzungen 236

Allgemeine Hinweise zur Chemotherapie

1. Vor Beginn der antibiotischen Therapie sind entsprechende bakteriologische Proben abzunehmen: z.b. bei Verdacht auf Sepsis, Pneumonie, Osteomyelitis mehrere Blutkulturen anlegen!

2. Fieber ohne weitere Zeichen einer Infektion ist noch keine Indikation für eine Antibiotika-Therapie (Antibiotika sind keine Antipyretika!)

3. Antibiotika-Therapie nicht unnötig ausdehnen. In vielen Fällen können die Antibiotika drei Tage nach Entfieberung abgesetzt werden.

4. Wenn der Patient innerhalb von zwei bis drei Tagen nicht auf das Antibiotikum anspricht, muß an folgende Ursachen gedacht werden:

    – Erreger primär resistent gegen das Chemotherapeutikum

    – keine ausreichende Penetration am Infektionsort

    – Antibiotikum in vivo unwirksam trotz in vitro-Empfindlichkeit des Erregers

    – Abszeß, Fremdkörper, Abwehrschwäche des Patienten

    – keine bakterielle Ursache

    (Medikamentenfieber, Virusinfektion u.a.)

5. Die teuere Initialtherapie (meist eine Kombination) dient zur Abdeckung nahezu aller in Frage kommenden Erreger. Sobald das Ergebnis der Resistenzprüfung vorliegt, auf billigere und meist auch wirksamere Alternativen bzw., wenn möglich, auf Monotherapie umsetzen (z.B. Penicillin bei Streptokokken und Pneumokokken, Amoxicillin/Ampicillin bei Escherichia coli oder Haemophilus influenzae).

6. Lokalantibiotika sind so gut wie nie indiziert.

    Ausnahme: Haut- und Augeninfektionen.

7. Bei der Auswahl des Antibiotikums die Kosten für die geplante Therapie mitberücksichtigen. Ältere, ebenso gut wirksame Medikamente sind oftmals wesentlich preisgünstiger. Besonders teuere Antibiotika nur bei strenger Indikation verwenden.

8. Perioperative Antibiotika-Prophylaxe nicht unnötig verlängern! Eine einzige Dosis präoperativ ist in der Regel ausreichend.

9. Bei Anwendung von Antibiotika mit geringer therapeutischer Breite (Aminoglykoside, Vancomycin) müssen regelmäßig Serumspiegelkontrollen durchgeführt werden, um die Toxizität so gering wie möglich zu halten (siehe Seite 204)

10. Vor Beginn der Chemotherapie Allergien ausschließen!

11. Eine Kombinationstherapie ist indiziert:
    - bei polymikrobiellen Infektionen
    - zur Initialtherapie bei unbekanntem Erreger
    - zur Reduktion der Resistenzentwicklung bei bestimmten Erregern (z.B. Pseudomonas, Serratia, M. tuberculosis)
    - zur Nutzung von synergistischen Wirkungen (z.B. bei Endokarditis oder bei immungeschwächten Patienten)

12. Chemotherapie individuell gestalten unter Berücksichtigung von Patientenalter, Immunstatus, Stoffwechsellage, Ernährungszustand, Wasser- und Elektrolythaushalt, Nieren- und Leberfunktion, Schwangerschaft u.a.

13. Für die adäquate Antibiotika-Therapie müssen auch die Verhältnisse am Ort der Infektion berücksichtigt werden wie z.B. pH bzw. aerobes/anaerobes Milieu (Aminoglykoside wirken z.B. nicht bei niedrigem pH und unter anaeroben Bedingungen), Penetrationsfähigkeit des Antibiotikums u.a.

14. Unterschiedliche Erregerspektren bei nosokomialen und nicht im Krankenhaus erworbenen Infektionen beachten bei der Antibiotikawahl zur Initialtherapie.

15. Wechselwirkungen mit anderen Medikamenten beachten.

Mikroskopische Untersuchung

Die orientierende mikroskopische Untersuchung ist in manchen klinischen Situationen sehr hilfreich, insbesondere für die Initialtherapie. Diese Möglichkeit wird leider viel zu selten genutzt. Manche Bakterienarten erscheinen im gefärbten Präparat so charakteristisch, daß eine vorläufige Diagnose gestellt werden kann.

Anfertigung von Ausstrichpräparaten

1. Auf einem gereinigten Objektträger wird mit der ausgeglühten Öse oder mit einem Glasstab das Material ausgestrichen. Bei dickflüssigem Material mit einem NaCl-Tropfen verdünnen und ausstreichen.
2. Präparat völlig lufttrocknen lassen.
3. Präparat mit Hitze oder Alkohol fixieren. Hitzefixierung: Objektträger mit der Schichtseite nach oben dreimal durch die volle Flamme des Bunsenbrenners ziehen. Alkoholfixierung: 3 Minuten Methylalkohol einwirken lassen, dann abgießen.

Färbung des Präparates

Methylenblaufärbung nach Löffler

1. Löffler's Methylenblau auftropfen und etwa 2 Minuten einwirken lassen
2. Farbe abgießen
3. Mit dünnem Wasserstrahl abspülen
4. Präparat zwischen Filterpapier trocknen

Gramfärbung

1. Karbol-Gentianaviolett oder Kristallviolett auftropfen, nach etwa 1 Min. abgießen und gut abtropfen lassen, ohne daß das Präparat trocken wird.
2. Lugol'sche Lösung auftropfen, etwa 2 Min. lang einwirken lassen, Flüssigkeit abgießen, nicht mit Wasser abspülen!
3. Präparat entfärben mit Azetonspiritus (96 %iger Alkohol mit 3 % Azeton), z.B. in einer Cuvette bis keine Farbwolken mehr vom Präparat abgehen.
4. Gründlich mit Wasser abspülen.
5. Gegenfärbung mit Safranin oder Fuchsin. Farbstoff auftropfen und etwa 30 bis 60 Sekunden einwirken lassen, mit kaltem Wasser abspülen, mit Filterpapier trocknen.

Mikroskopie

Die gefärbten Präparate ohne Deckglas mikroskopieren bei 1000facher Vergrößerung (Okular 10fach, Ölimmersionsobjektiv 100fach). Kondensor heben und Blende völlig öffnen.

Beurteilung

Methylenblau-gefärbte Präparate:

Die Bakterien erscheinen kräftig blau, etwa vorhandene Körperzellen hellblau gefärbt. Diese einfache Färbung eignet sich besonders zur Beurteilung der Lagerung von Bakterien und Körperzellen zueinander (z.B. intrazelluläre Keime). Hauptsächlich zur Darstellung von Gonokokken.

Grampräparate:

Grampositive Bakterien erscheinen dunkelblau, gramnegative Bakterien hell- oder kräftig rot. Die Gramfärbung eignet sich zur Differenzierung und Identifizierung der Bakterien und kann von Nutzen sein für die Antibiotikawahl zur Initialtherapie (z.B. Präparat vom Liquor und anderen Punktaten)

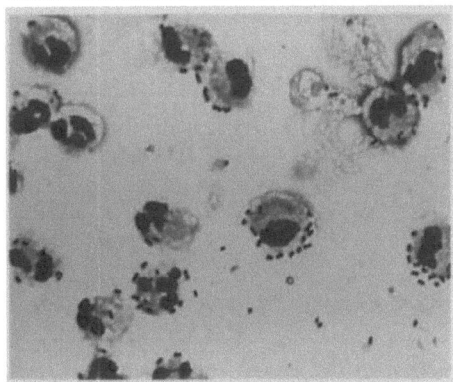

Abb. 1

Streptococcus pneumoniae im Liquorpräparat. Grampositive intra- und extraleukozytär gelagerte Diplokokken (Pneumokokken-Meningitis).

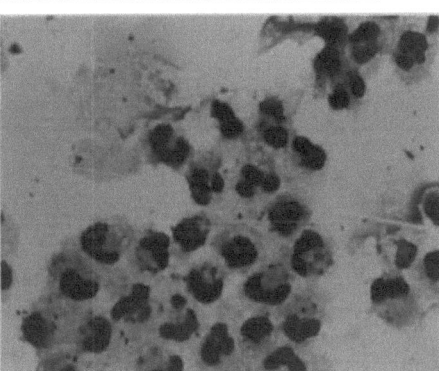

Abb. 2

Neisseria meningitidis im Liquorpräparat. Gramnegative intra- und extraleukozytär gelagerte Diplokokken (Meningokokken-Meningitis).

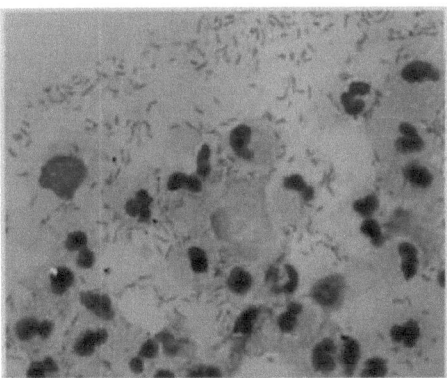

Abb. 3

Haemophilus influenzae im Liquorpräparat. Gramnegative, schlanke Stäbchen und Granulozyten (Haemophilus-Meningitis).

Abb. 1, 2, 3 Prof. Vanek, Ulm

Abb. 4

Klebsiella pneumoniae im Trachealsekret. Zahlreiche gramnegative Stäbchen (Klebsiella-Pneumonie).

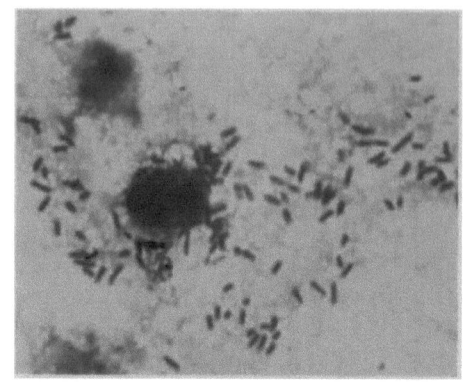

Abb. 5

Streptococcus pneumoniae im Sputum. Grampositive Diplokokken neben Granulozyten (Pneumokokken-Pneumonie).

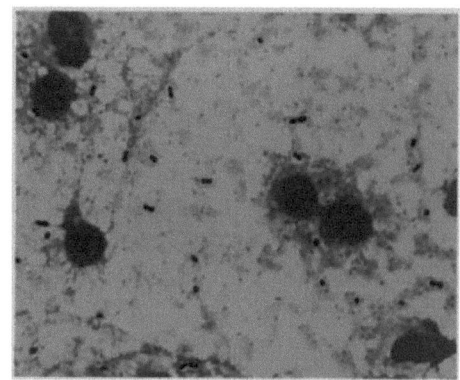

Abb. 6

Clostridien im Wundabstrich. Dicke, grampositive Stäbchen im Grampräparat, zum Teil mit Sporen (Gasödem).

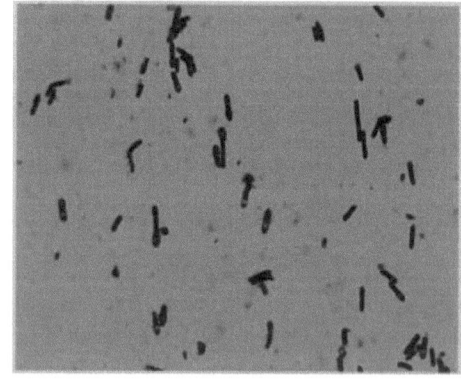

Abb. 5 Prof. Vanek, Ulm

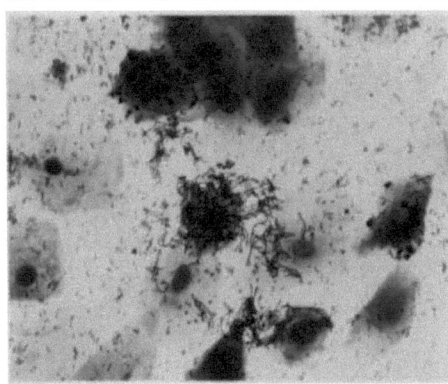

Abb. 7

Normale Mundflora mit diversen Bakterienarten und zahlreichen Plattenepithelien. Kein Hinweis auf bakterielle Infektion, da die Sputumprobe keine Leukozyten, dafür aber viele Epithelien aus dem Mundbereich enthält. Kulturelle Untersuchung sinnlos.

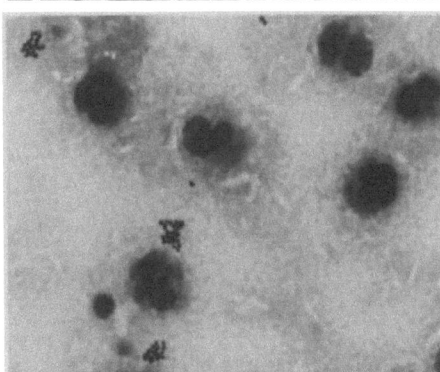

Abb. 8

Staphylococcus aureus im Wundabstrich. Typische, grampositive Haufenkokken neben zahlreichen Leukozyten (Wundinfektion).

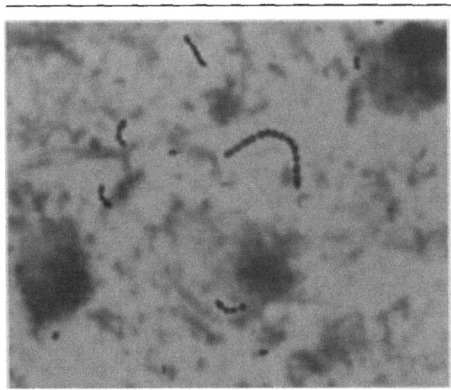

Abb. 9

Streptococcus pyogenes im Wundabstrich. Typische, in Ketten gelagerte, grampositive Kokken (Wundinfektion).

Abb. 10

Neisseria gonorrhoeae im Urethralabstrich. Methylenblaufärbung. Intrazellulär gelagerte Diplokokken (Gonorrhoe).

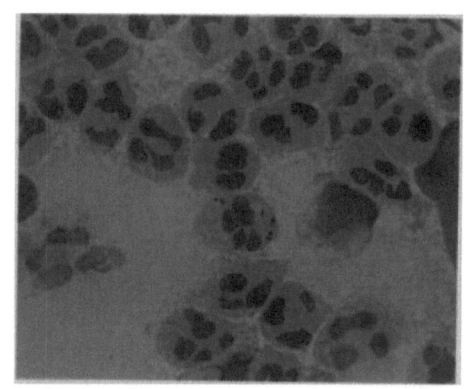

Abb. 11

Fusobakterien und Spirochäten im Tonsillarabstrich. Pleomorphe, gramnegative Spirillen und fusiforme Bakterien (Angina Plaut-Vincenti).

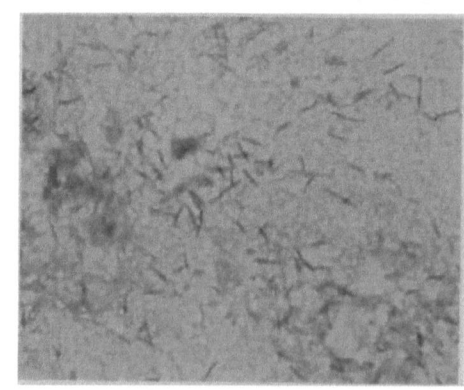

Abb. 12

Candida albicans im Trachealsekret. Grampositive Hefezellen (Candida-Pneumonie)

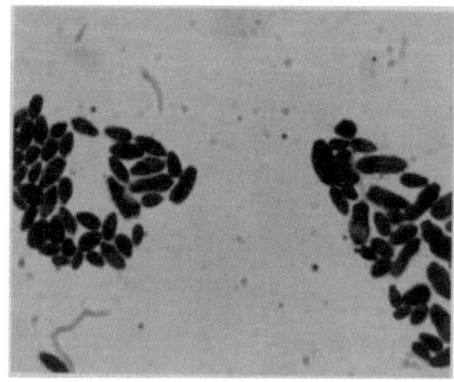

Chemotherapeutika

Freinamen	Handelsnamen (Auswahl)	Seite
Aciclovir	Zovirax	113
Amantadin	Symmetrel	114
Amikacin	Biklin	68
Amoxicillin	Clamoxyl, Amoxypen	28
Amoxicillin/Clavulansäure	Augmentan	62
Amphotericin B	Amphotericin B	96
Ampicillin	Binotal, Pen-Bristol, Amblosin	28
Ampicillin/Sulbactam	Unacid	64
Apalcillin	Lumota	32
Azlocillin	Securopen	34
Aztreonam	Azactam	60
Bacampicillin	Penglobe	28
Benzathin-Penicillin G	Tardocillin	22
Capreomycin	Ogostal	111
Cefaclor	Panoral	54
Cefadroxil	Bidocef	54
Cefalexin	Ceporexin, Oracef	54
Cefalotin	Cephalotin, Cepovenin	38
Cefamandol	Mandokef	40
Cefazedon	Refosporin	38
Cefazolin	Gramaxin, Elzogram	38
Cefmenoxim	Tacef	48
Cefoperazon	Cefobis	52
Cefotaxim	Claforan	46
Cefotetan	Apatef	44
Cefotiam	Spizef	40
Cefoxitin	Mefoxitin	42
Cefsulodin	Pseudocef	53
Ceftazidim	Fortum	50
Ceftizoxim	Ceftix	48
Ceftriaxon	Rocephin	46
Cefuroxim	Zinacef	40
Cefuroximaxetil	Elobact	56
Chloramphenicol	Paraxin	82
Ciprofloxacin	Ciprobay	80
Clemizol-Penicillin G	Megacillin	22
Clindamycin	Sobelin	84
Cotrimoxazol	Bactrim, Eusaprim	86
Cycloserin	D-Cycloserin	112
Dicloxacillin	Dichlor-Stapenor	26
Doxycyclin	Vibramycin, Supracyclin	72
Enoxacin	Gyramid	78
Erythromycin	Erythrocin, Erycinum, Pädiathrocin	74
Ethambutol	Myambutol	105
Flucloxacillin	Staphylex	26
Flucytosin	Ancotil	98
Fosfomycin	Fosfocin	88
Fusidinsäure	Fucidine	90
Gentamicin	Refobacin	66
Imipenem/Cilastatin	Zienam	58
Isoniazid (INH)	Neoteben	104

Freinamen	Handelsnamen (Auswahl)	Seite
Josamycin	Wilprafen	74
Ketoconazol	Nizoral	100
Latamoxef	Moxalactam	45
Metronidazol	Clont, Flagyl	92
Mezlocillin	Baypen	30
Miconazol	Daktar	102
Minocyclin	Klinomycin	72
Netilmicin	Certomycin	68
Norfloxacin	Barazan	76
Ofloxacin	Tarivid	78
Oxacillin	Cryptocillin, Stapenor	26
Oxytetracyclin	Terramycin, Terravenös	70
Para-Aminosalicylsäure	PAS	109
Penicillin G	diverse Präparate	22
Penicillin V	Isocillin, Ospen, Megacillin-oral	24
Piperacillin	Pipril	32
Propicillin	Baycillin, Oricillin	24
Prothionamid	Peteha, Ektebin	108
Pyrazinamid	Pyrazinamid, Pyrafat	110
Rifampicin	Rifa, Rimactan, Rifoldin	106
Rolitetracyclin	Reverin	70
Streptomycin	Streptothenat	107
Temocillin	Temopen	37
Tetracyclin	Hostacyclin, Supramycin, Steclin, Achromycin	70
Teicoplanin	Targocid	94
Ticarcillin	Aerugipen	36
Ticarcillin/Clavulansäure	Betabactyl	62
Tobramycin	Gernebcin	66
Trimethoprim/Sulfamethoxazol	Bactrim, Eusaprim	86
Vancomycin	Vancomycin	94
Vidarabin	Vidarabinphosphat	115
Zidovudin	Retrovir	116

Handelsnamen	Freinamen	Seite
Achromycin	Tetracyclin	70
Aerugipen	Ticarcillin	36
Amblosin	Ampicillin	28
Amoxypen	Amoxicillin	28
Amphotericin B	Amphotericin B	96
Ancotil	Flucytosin	98
Apatef	Cefotetan	44
Augmentan	Amoxicillin/Clavulansäure	62
Azactam	Aztreonam	60
Bactrim	Trimethoprim/Sulfamethoxazol	86
Barazan	Norfloxacin	76
Baycillin	Propicillin	24
Baypen	Mezlocillin	30
Betabactyl	Ticarcillin/Clavulansäure	62
Bidocef	Cefadroxil	54
Biklin	Amikacin	68
Binotal	Ampicillin	28
Cefobis	Cefoperazon	52
Ceftix	Ceftizoxim	48
Cephalotin	Cefalotin	38
Ceporexin	Cefalexin	54
Cepovenin	Cefalotin	38
Certomycin	Netilmicin	68
Ciprobay	Ciprofloxacin	80
Claforan	Cefotaxim	46
Clamoxyl	Amoxicillin	28
Clont	Metronidazol	92
Cryptocillin	Oxacillin	26
Daktar	Miconazol	102
D-Cycloserin	Cycloserin	112
Dichlor-Stapenor	Dicloxacillin	26
Ektebin	Prothionamid	108
Elobact	Cefuroximaxetil	56
Elzogram	Cefazolin	38
Erycinum	Erythromycin	74
Erythrocin	Erythromycin	74
Eusaprim	Trimethoprim/Sulfamethoxazol	86
Flagyl	Metronidazol	92
Fortum	Ceftazidim	50
Fosfocin	Fosfomycin	88
Fucidine	Fusidinsäure	90
Gernebcin	Tobramycin	66
Gramaxin	Cefazolin	38
Gyramid	Enoxacin	78
Hostacyclin	Tetracyclin	70
Isocillin	Penicillin V	24
Klinomycin	Minocyclin	72
Lumota	Apalcillin	32
Mandokef	Cefamandol	40
Mefoxitin	Cefoxitin	42
Megacillin	Clemizol-Penicillin G	22
Megacillin oral	Penicillin V	24

Handelsnamen	Freinamen	Seite
Moxalactam	Latamoxef	45
Myambutol	Ethambutol	105
Neoteben	Isoniazid (INH)	104
Nizoral	Ketoconazol	100
Ogostal	Capreomycin	111
Oracef	Cefalexin	54
Oricillin	Propicillin	24
Ospen	Penicillin V	24
Panoral	Cefaclor	54
Paraxin	Chloramphenicol	82
PAS	Para-Aminosalicylsäure	109
Pädiathrocin	Erythromycin	74
Pen-Bristol	Ampicillin	28
Penglobe	Bacampicillin	28
Peteha	Prothionamid	108
Pipril	Piperacillin	32
Pseudocef	Cefsulodin	53
Pyrafat	Pyrazinamid	110
Pyrazinamid	Pyrazinamid	110
Refobacin	Gentamicin	66
Refosporin	Cefazedon	38
Retrovir	Zidovudin	116
Reverin	Rolitetracyclin	70
Rifa	Rifampicin	106
Rifoldin	Rifampicin	106
Rimactan	Rifampicin	106
Rocephin	Ceftriaxon	46
Securopen	Azlocillin	34
Sobelin	Clindamycin	84
Spizef	Cefotiam	40
Stapenor	Oxacillin	26
Staphylex	Flucloxacillin	26
Steclin	Tetracyclin	70
Streptothenat	Streptomycin	107
Supracyclin	Doxycyclin	72
Supramycin	Tetracyclin	70
Symmetrel	Amantadin	114
Tacef	Cefmenoxim	48
Tardocillin	Benzathin-Penicillin G	22
Targocid	Teicoplanin	94
Tarivid	Ofloxacin	78
Temopen	Temocillin	37
Terramycin	Oxytetracyclin	70
Terravenös	Oxytetracyclin	70
Unacid	Ampicillin/Sulbactam	64
Vancomycin	Vancomycin	94
Vibramycin	Doxycyclin	72
Vidarabinphosphat	Vidarabin	115
Wilprafen	Josamycin	74
Zienam	Imipenem/Cilastatin	58
Zinacef	Cefuroxim	40
Zovirax	Aciclovir	113

Einteilung der Chemotherapeutika

ß-Laktamantibiotika

Benzylpenicilline

Penicillin G
(Benzylpenicillin-
Natrium, Procain-
Benzylpenicillin,
Benzathin-Penicillin)

Phenoxypenicilline
(Oralpenicilline)

Penicillin V
Propicillin

ß-Laktamase stabile
Penicilline
(Staphylokokken-
Penicilline)

Oxacillin
Dicloxacillin
Flucloxacillin

Aminobenzyl-
penicilline

Ampicillin
Amoxicillin
Bacampicillin

Carboxypenicilline

Carbenicillin *
Ticarcillin *
Temocillin

Acylamino- (Ureido-)
penicilline
(Breitspektrum-
penicilline)

Azlocillin *
Mezlocillin
Piperacillin *
Apalcillin *

Cephalosporine I
(1. Generation)

Cefalotin
Cefazolin
Cefazedon
Cefalexin (oral)
Cephadroxil (oral)
Cefaclor (oral)

Cephalosporine II
(2. Generation)

Cefamandol
Cefuroxim
Cefotiam
Cefoxitin
Cefotetan

Cefuxoximaxetil (oral)

Cephalosporine III
(3. Generation)

Cefotaxim
Ceftriaxon
Cefmenoxim
Ceftizoxim
Ceftazidim *
Cefsulodin *
Cefoperazon *
Latamoxef

Monobactame

Aztreonam

Carbapeneme

Imipenem

ß-Laktamase-Hemmer

Clavalansäure
Sulbactam

* Pseudomonas wirksam

Andere Substanzklassen

Aminoglykoside

Streptomycin
Gentamicin
Sisomicin
Tobramycin
Netilmicin

Tetracycline

Tetracyclin
Oxytetracyclin
Rolitetracyclin
Doxycyclin
Minocyclin

Fluorochinolone

Norfloxacin
Ofloxacin
Enoxacin
Ciprofloxacin

Lincosamine

Clindamycin
Lincomycin

Imidazole

Ketoconazol
Miconazol

Nitroimidazole

Metronidazol
Ornidazol
Tinidazol

Glykopeptid-
Antibiotika

Vancomycin
Teicoplanin

Makrolide

Erythromycin
Josamycin
Spiramycin

20

Charakterisierung der einzelnen Chemotherapeutika :

Spektrum, Pharmakokinetik,
Dosierung,
Nebenwirkungen

Benzylpenicilline
Penicillin G

Wichtigste Indikationen:

Alle Infektionen durch empfindliche (+++) Erreger

Spektrum

+++	Pneumokokken Streptokokken ß-Laktamase neg. Staphylokokken Gonokokken Meningokokken Aktinomyzeten	Leptospiren C. diphtheriae Treponemen Pasteurella multocida Anaerobier z.b. Fusobakterien Peptokokken	Clostridien (außer C. difficile) und die meisten oropharyn- gealen Bacteroides- Arten, jedoch nicht B. fragilis! Borrelien
+	H. influenzae	Enterokokken	
0	Enterobakterien P. aeruginosa B. fragilis	Nocardia Mykoplasmen Chlamydien	ß-Laktamase positive Staphylokokken und Gonokokken

Nebenwirkungen:

Allergische Reaktionen (Exantheme, Urticaria, Medikamenten-Fieber, Bronchospasmus, Larynxödern, selten Anaphylaxie); bei zu hoher Dosierung (> 30 Mill. E/d bzw. bei schwerer Niereninsuffizienz ohne Dosisreduktion) neurotoxische Symptome (Krämpfe, Koma), interstitielle Nephritis, Eosinophilie; Herxheimersche Reaktion; selten Neutropenie, Thrombozytopenie, hämolytische Anämie

Kontraindikationen:

Penicillin-Allergie

Kommentar:

Penicillin G sollte bei empfindlichen Erregern immer bevorzugt werden, da es eine höhere Aktivität besitzt als andere Penicilline. Kein Antibiotikum für Harnwegsinfektionen. Bei schwerer NI kein Penicillin G-Kalium. Hochdosierte Therapie bei Meningitis, Endokarditis und schweren Clostridien-Infektionen. Depot-Penicilline (Clemizol-, Procain-, Benzathin-Penicillin G) sind geeignet für die ambulante Therapie (z.B. Syphilis), oder zur Prophylaxe des rheumatischen Fiebers.

Pharmakokinetik:

Serumspiegel:	mg/l	h	Dosis
	20 - 30	1	1 Mill. E. i.v.
	130 - 140	Dauerinf.	5 Mill. E. i.v.
	12 - 20	1	1 Mill. E. i.m.
	50 - 70	1	5 Mill. E. i.m.

Serum-HWZ (h):	norm. NF	starke NI	HD
	0,5 - 0,8	7 - 10	2 - 5

Ausscheidung: vorwiegend renal

Metabolisierung: 20 - 30 %

Penetration:	gut	mäßig	schlecht
	Urin	Liquor (bei Meningitis)	Knochen
	Synovial-,	Fruchtwasser	Gehirn
	Pleura-,	fet. Kreislauf	Kammerwasser
	Perikard-	Muskulatur	Liquor
	flüssigkeit		Muttermilch
	Aszites		
	Leber/Galle		
	Niere		
	Prostata		
	Schleimhäute		

Dialysierbar: HD +, PD +

Dosierung: i.v./i.m.

Erwachsene: 4 - 6 x 0,5 - 2 Mill. E (bis 3 x 10 Mill. E)

Kinder: 40.000 - 120.000 (bis 600.000) E/kg/d
in 4 - 6 Dosen

Neugeborene: < 1 Wo: 75.000 - 150.000 E/kg/d
in 3 Dosen
           > 1 Wo: 75.000 - 200.000 E/kg/d
in 3 - 4 Dosen

Bei NI:	Cr-Clearance (ml/min)	Max. Dosis/Intervall (Mill. E) (h)
	80 - 50	5 / 6
	50 - 30	5 / 8
	30 - 10	4 / 6
	10 - 5	3 / 8
	< 5	2 / 8 - 12

Zusatzdosis nach HD: 1 - 2 Mill. E

NF = Nierenfunktion; NI = Niereninsuffizienz; HWZ = Halbwertszeit;
HD = Hämodialyse; PD = Peritonealdialyse;

Phenoxypenicilline

Penicillin V
Isocillin®, Ospen®, Megacillin oral®

Propicillin
Baycillin®, Oricillin®

Wichtigste Indikationen:

Leichtere Infektionen durch empfindliche (+++) Erreger wie z.B. Angina, Erysipel

---

Spektrum

+++	Pneumokokken	Meningokokken	Pasteurella multocida
	Streptokokken	C. diphtheriae	Anaerobier
	ß-Laktamase neg.	Aktinomyzeten	(außer B. fragilis)
	Staphylokokken	Leptospiren	Borrelien
	Gonokokken	Treponemen	
+	H. influenzae	Enterokokken	
0	Enterobakterien	Nocardia	ß-Laktamase pos.
	P. aeruginosa	Mykoplasmen	Staphylokokken
	B. fragilis	Chlamydien	Gonokokken

Nebenwirkungen:

Allergische Reaktionen (seltener als nach Penicillin G), gastrointestinale Beschwerden (bei längerer Anwendung und hoher Dosierung > 6 Mill. E/d)

Kontraindikationen:

Penicillin-Allergie

Kommentar:

Mit Ausnahme von leichteren Infektionen (z.B. Angina) sollten wegen der relativ schlechten, sowie von der Nahrungsaufnahme abhängigen Resorption parenterale Penicilline bevorzugt werden. Nicht geeignet zur Gonorrhoe-Therapie!

Pharmakokinetik:

Serumspiegel:	mg/l	h	Dosis
Penicillin V	6	1	1 Mill. E p.o.
Propicillin	12	1	1 Mill. E p.o.

Serum-HWZ (h):	norm. NF	starke NI	HD
Penicillin V	0,5 – 0,8	4	
Propicillin	0,5 – 1,0		

Ausscheidung:
    Penicillin V   renal 30 – 50 %
    Propicillin   renal ~ 50 %

Metabolisierung:
    Penicillin V   50 – 75 %
    Propicillin   60 – 70 %

Penetration:	gut	mäßig	schlecht
	Synovial-, Pleura-, Perikardflüssigkeit Aszites Galle Urin Prostata Schleimhaut	Fruchtwasser fet. Kreislauf Muskulatur	Liquor Knochen Kammerwasser Muttermilch
Dialysierbar:	HD +, PD ?		

Dosierung: p.o.

Erwachsene: 3 – 4 x 0,4 – 1,5 Mill. E

Kinder: 25.000 – 50.000 E/kg/d
    in 3 Dosen

Zusatzdosis nach HD :   0,5 Mill. E

NF = Nierenfunktion;   NI = Niereninsuffizienz;   HWZ = Halbwertszeit;
HD = Hämodialyse;

Penicillinase - feste Penicilline

Oxacillin   Cryptocillin®, Stapenor®
Dicloxacillin   Dichlor-Stapenor®
Flucloxacillin   Staphylex®

Wichtigste Indikationen:

Infektionen durch ß-Laktamase bildende Staphylokokken, z.b. Sepsis, Endokarditis, Meningitis, Pneumonie, Osteomyelitis, Hautinfektionen, Arthritis, Toxic-Shock-Syndrom.

Spektrum

+++	Staphylokokken (außer Methicillin-resistente)	
++	Gonokokken Anaerobier (außer B. fragilis)	Streptokokken Pneumkokken
+	Meningokokken	
0	Enterobakterien Pseudomonas B. fragilis Mykoplasmen	Enterokokken Oxacillin- (Methicillin-) resistente Staphylokokken

---

Nebenwirkungen:

Siehe Penicillin G. Bei oraler Gabe gastrointestinale Beschwerden. Bei parenteraler Gabe von Dicloxacillin häufig lokale Reizerscheinungen. Transaminasenerhöhung und Cholestase häufiger nach Oxacillin-Gabe. Pseudomembranöse Colitis

---

Kontraindikationen:

Penicillin-Allergie

Kommentar:

Mittel der Wahl bei Staphylococcus aureus-Infektionen. Bei Penicillin G-empfindlichen Erregern ist immer Penicillin G zu bevorzugen, da es eine etwa 10fach höhere Aktivität besitzt als die Penicillinase-stabilen Penicilline. Zur oralen Therapie Dicloxacillin oder Flucloxacillin verwenden (bessere Resorption als Oxacillin).

Pharmakokinetik:

Serumspiegel:	mg/l	h	Dosis
Oxacillin	1,5 – 2	1	0,5 g i.v.
Dicloxacillin	18 – 20	1	0,5 g i.v.
Flucloxacillin	15 – 16	1	0,5 g i.v.

Serum-HWZ (h):	norm. NF	starke NI	HD
	0,5 – 0,75	1 – 2	1,5 – 2,7

Ausscheidung: renal (30 – 50 %) und biliär

Metabolisierung: ~ 30 %

Penetration:	gut	mäßig	schlecht
	Urin Pleura-, Perikard-, Synovial- flüssigkeit Aszites Knochen	Liquor (bei Meningitis)	Liquor

Dialysierbar: HD –, PD –

Dosierung:	i.v./i.m.	p.o.
Erwachsene:	4 x 1 – 2 g	4 x 0,25 – 1 g
Kinder:	100 – 200 mg/kg/d in 4 Dosen	50 – 100 mg/kg/d in 4 Dosen
Neugeborene: < 1 Wo:	50 mg/kg/d in 3 Dosen	
> 1 Wo:	100 mg/kg/d in 4 Dosen	

Bei NI:	Cr-Clearance (ml/min)	Max. Dosis/Intervall	
		(g)	(h)
	80 - 50	2 /	6
	50 - 30	2 /	6
	30 - 10	1,5 /	6
	10 - 5	1,5 /	8
	< 5	1 /	8-12

Zusatzdosis nach HD : nicht erforderlich

NF = Nierenfunktion; NI = Niereninsuffizienz; HWZ = Halbwertszeit;
HD = Hämodialyse; PD = Peritonealdialyse;

Aminobenzylpenicilline

Ampicillin — Amblosin®, Binotal®, Pen–Bristol®
Amoxicillin — Amoxypen®, Clamoxyl®

Wichtigste Indikationen:

Bronchitis, Otitis media, Sinusitis, HWI, Listeriose, Typhus/Paratyphus (Amoxicillin), Shigellose (Ampicillin), Infektionen durch empfindliche Enterobakterien; Enterokokken-Endokarditis und andere schwere Enterokokken-Infektionen nur in Kombination mit einem Aminoglykosid

Spektrum

+++	β-Laktamase neg.	Enterokokken	Listerien
	Staphylokokken	(außer E. faecium)	Clostridien
	H. influenzae	Streptokokken	
	Gonokokken	Meningokokken	
		Pneumokokken	
++	Shigellen	Anaerobier	
	Salmonellen	(außer B. fragilis)	
	E. coli	Proteus mirabilis	
+	andere Enterobakterien		
0	B. fragilis	Nocardia	β-Laktamase pos.
	Pseudomonas	Mykoplasmen	Staphylokokken
	E. faecium		H. faecium

Nebenwirkungen:

Exanthem häufiger als nach Penicillin-Gabe (5 –10 %), besonders ausgeprägt bei Patienten mit infektiöser Mononukleose (75 – 100 %). Allergische Reaktionen (Urticaria, Anaphylaxie); gastrointestinale Beschwerden (Brechreiz, Übelkeit, Diarrhoe, pseudomembranöse Colitis); bei Überdosierung interstitielle Nephritis und hämolytische Anämie

Kontraindikationen:

Penicillin-Allergie, infektiöse Mononukleose

Kommentar:

Im Vergleich zu Penicillin G Erweiterung des Spektrums insbesondere auf Enterokokken, Listerien, H. influenzae, E. coli, P. mirabilis, Salmonellen und Shigellen. Bei oraler Verabreichung Amoxicillin bevorzugen. Es wird besser resorbiert als Ampicillin (95 % versus 40 %). Amoxicillin ist besser wirksam gegen Salmonellen, Ampicillin gegen Shigellen. Insgesamt wirkt Penicillin G auf grampositive Erreger besser als Ampicillin / Amoxicillin. Es befindet sich außerdem ein Ampicillin-Ester im Handel (Bacampicillin), der fast vollständig resorbiert wird. Daher zur oralen Therapie entweder Amoxicillin oder Bacampicillin verwenden.

Pharmakokinetik:

Serumspiegel:		mg/l	h	Dosis
	Ampicillin	7 – 11	1	0,5 g i.v.
	Amoxicillin	4 – 6	1,5	0,5 g p.o.

Serum-HWZ (h):		norm. NF	starke NI	HD
	Ampicillin	0,5 – 1,0	10 – 20	2,2 – 4,5
	Amoxicillin	0,9 – 1,5	12 – 16	2,0 – 5,0

Ausscheidung:	vorwiegend renal		
Metabolisierung:	Ampicillin	10 – 20 %	
	Amoxicillin	25 – 30 %	

Penetration:	gut	mäßig	schlecht
	Urin	Liquor (bei	Liquor
	Galle	Meningitis)	Sputum
	Synovial-,		Galle
	Pleura-,		(bei Obstrukt.)
	Perikard-		Kammerwasser
	flüssigkeit		
	Aszites		
	Fruchtwasser		
	fet. Kreislauf		

Dialysierbar: HD +, PD –

Dosierung:	Ampicillin i.v.	Amoxicillin p.o.
Erwachsene:	3 – 4 x 0,5 –2 g (bis 3 x 5 g)	3 x 0,25 – 1 g
Kinder:	50 – 400 mg/kg/d in 4 Dosen	25 – 50 mg/kg/d in 3 Dosen
Neugeborene: < 1 Wo:	50 – 150 mg/kg/d in 2 – 3 Dosen	
> 1 Wo:	100 – 200 mg/kg/d in 3 – 4 Dosen	

Bei NI: Ampicillin:	Cr-Clearance (ml/min)	max. Dosis/Intervall	
		(g)	(h)
	80 - 50	4 /	6
	50 - 30	3 /	6
	30 - 10	2 /	8
	10 - 5	1 /	8 (od. 2/12)
	< 5	1 /	12 (od. 0,5/8)

Zusatzdosis nach HD : Ampicillin 0,5 g

NF = Nierenfunktion; NI = Niereninsuffizienz; HWZ = Halbwertszeit;
HD = Hämodialyse; PD = Peritonealdialyse;

Acylaminopenicilline

Mezlocillin Baypen®

Wichtigste Indikationen:

Schwere Infektionen durch gramnegative Erreger, besonders des Urogenitaltraktes und der Gallenwege. In Kombination mit einem Aminoglykosid auch geeignet zur ungezielten Initialtherapie, wenn P. aeruginosa nicht als Erreger zu erwarten ist.

Spektrum

+++	E. coli Proteus mirabilis Enterokokken (außer E. faecium) H. influenzae	Salmonellen Shigellen Streptokokken Pneumokokken	Meningokokken Gonokokken
++	Anaerobier Enterobacter	Serratia Citrobacter	Indol-pos. Proteus
+	P. aeruginosa	Klebsiella	Staphylokokken
0	Mykoplasmen	Chlamydien	E. faecium

Nebenwirkungen:

Exantheme, passagere Neutropenie, Transaminasenanstieg, Verlängerung der Blutungszeit, gastrointestinale Beschwerden (Übelkeit, Diarrhoe, pseudomembranöse Colitis)

Kontraindikationen:

Penicillin-Allergie

Kommentar:

Mezlocillin besitzt eine stärkere Aktivität als Ampicillin gegen gramnegative Erreger, ist aber teuer! Außer bei Gallenwegsinfektionen sollte Mezlocillin nicht zur Monotherapie von Infektionen bei unbekanntem Erreger eingesetzt werden.

Pharmakokinetik:

Serumspiegel:	mg/l	h	Dosis
	50	1	2 g i.v.

Serum-HWZ (h):	norm. NF	starke NI	HD
	0,8 - 1,2	1,6 - 4,3	1,2 - 2

Ausscheidung: renal (60 - 70 %) und biliär (10 - 25 %)

Metabolisierung: 30 - 50 %

Penetration:	gut	mäßig	schlecht
	Galle Bronchial- sekret Fruchtwasser fet. Kreislauf	Liquor (bei Meningitis)	Liquor

Dialysierbar: HD +, PD +

Dosierung: i.v.

Erwachsene: 3 - 4 x 2 -5 g

Kinder: 100 - 300 mg/kg/d
in 4 Dosen

Neugeborene:
< 1 Wo: 150 - 200 mg/kg/d in 3 Dosen
> 1 Wo: 300 mg/kg/d in 3 Dosen

Bei NI:

Cr-Clearance (ml/min)	Max. Dosis (g)	Intervall (h)
80 - 50	5	6
50 - 30	4	6
30 - 10	3	8
10 - 5	3	12
< 5	2	12

Zusatzdosis nach HD: 2 - 3 g

NF = Nierenfunktion; NI = Niereninsuffizienz HWZ = Halbwertszeit;
HD = Hämodialyse; PD = Peritonealdialyse;

Acylaminopenicilline

Piperacillin   Pipril®
Apalcillin   Lumota®

Wichtigste Indikationen:

Schwere Infektionen durch gramnegative Erreger; in Kombination mit einem Aminoglykosid auch geeignet zur Initialtherapie bei noch unbekanntem Erreger, wenn P. aeruginosa als Erreger in Frage kommen kann.

Spektrum

+++	P. aeruginosa E. coli Proteus mirabilis Enterokokken (außer E. faecium)	H. influenzae Salmonellen Shigellen Streptokokken	Pneumokokken Meningokokken Gonokokken
++	Anaerobier Enterobacter	Serratia	Indol-pos. Proteus
+	Klebsiella	Staphylokokken	
0	Mykoplasmen	Chlamydien	E. faecium

Nebenwirkungen:

Allergische Reaktionen, Erhöhung der Serumtransaminasen, gastrointestinale Beschwerden (Übelkeit, Diarrhoe, pseudomembranöse Colitis), passagere Neutropenie

---

Kontraindikationen:

Penicillin-Allergie

Kommentar:

Im Vergleich zu Ampicillin sind die beiden Antibiotika stärker wirksam gegen gramnegative Erreger. Unter den Acylaminopenicillinen besitzt Apalcillin die stärkste in vitro Aktivität gegen P. aeruginosa. In Bezug auf klinische Wirksamkeit und Nebenwirkungsrate sind bisher keine Unterschiede zwischen Piperacillin und Apalcillin nachgewiesen worden.

Pharmakokinetik:

Serumspiegel:		mg/l	h	Dosis
	Piperacillin	40	1	2 g i.v.
	Apalcillin	60 – 80	1	2 g i.v.

Serum-HWZ (h):		norm. NF	starke NI	HD
	Piperacillin	1	2 – 5	1,2 – 2,4
	Apalcillin	1,3	2 – 4	2

Ausscheidung:	Piperacillin	renal (70 – 80 %)
	Apalcillin	renal (20 %) und biliär (12 %)

Metabolisierung:	Piperacillin	keine
	Apalcillin	~50 %

Penetration:	gut	mäßig	schlecht
	Galle	Liquor (bei Meningitis)	Liquor
	Urin	Bronchialsekret	
	Muttermilch	Knochen	

Dialysierbar:	Piperacillin	HD +, PD +
	Apalcillin	HD –, PD –

Dosierung:

	Piperacillin i.v.	Apalcillin i.v.
Erwachsene:	3 – 4 x 2 – 4 g	3 – 4 x 2 – 3 g
Kinder:	100 – 300 mg/kg/d in 4 Dosen	50 – 100 mg/kg/d in 3 Dosen
Neugeborene:	200 – 300 mg/kg/d in 3 Dosen	< 1 Wo: 40 mg/kg/d in 2 Dosen > 1 Wo: 60 mg/kg/d in 2 Dosen

Bei NI:	Cr-Clearance (ml/min)	Max. Dosis (g) / Intervall (h)	
		Piperacillin	Apalcillin
	80 - 50	4 / 8	3 / 8
	50 - 30	3 / 8	3 / 8
	30 - 10	3 / 12	3 / 12
	10 - 5	2 / 8	2 / 12
	< 5	2 / 12	1 / 12

Zusatzdosis nach HD :	Piperacillin	1 g
	Apalcillin	nicht erforderlich

NF = Nierenfunktion; NI = Niereninsuffizienz; HWZ = Halbwertszeit;
HD = Hämodialyse; PD = Peritonealdialyse;

Acylaminopenicilline

Azlocillin   Securopen®

Wichtigste Indikationen:

Gezielte Therapie von Pseudomonas-Infektionen bevorzugt in Kombination mit z.B. einem Aminoglykosid oder Ciprofloxacin

Spektrum

+++	P. aeruginosa E. coli Proteus mirabilis Enterokokken (außer E. faecium)	H. influenzae Salmonellen Shigellen Streptokokken	Pneumokokken Meningokokken Gonokokken
++	Anaerobier		
+	Klebsiella Serratia	Enterobacter Staphylokokken	Indol-pos. Proteus
0	Mykoplasmen	Chlamydien	E. faecium

Nebenwirkungen:

Allergische Reaktionen, gastrointestinale Beschwerden, reversible Neutropenie

Kontraindikationen:

Penicillin-Allergie

Kommentar:

Ähnlich Piperacillin/Apalcillin, besitzt aber eine schwächere Aktivität gegen Enterobakterien.

Pharmakokinetik:

Serumspiegel:	mg/l	h	Dosis
	60	1	2 g i.v.

Serum-HWZ (h):	norm. NF	starke NI	HD
	0,9 – 1,3	3,6 – 8,4	1,5 – 2,6

Ausscheidung:	renal (60 – 70 %), biliär (~ 8 %)
Metabolisierung:	30 – 40 %

Penetration:	gut	mäßig	schlecht
	Bronchialsekr. Galle		Liquor

Dialysierbar:	HD +, PD +

Dosierung: i.v.

Erwachsene:	3 – 4 x 2 – 5 g
Kinder:	100 – 300 mg/kg/d in 4 Dosen
Neugeborene: < 1 Wo:	100 – 200 mg/kg/d in 2 Dosen
> 1 Wo:	150 – 300 mg/kg/d in 3 Dosen

Bei NI:	Cr-Clearance (ml/min)	Max. Dosis (g)	/ Intervall (h)
	80 – 50	5	6
	50 – 30	4	6
	30 – 10	3	8
	10 – 5	3	12
	< 5	2	12

Zusatzdosis nach HD:	2 – 3 g

NF = Nierenfunktion; NI = Niereninsuffizienz; HWZ = Halbwertszeit;
HD = Hämodialyse; PD = Peritonealdialyse;

Carboxypenicilline

Ticarcillin Aerugipen®

Wichtigste Indikationen:
Pseudomonas-Infektionen

Spektrum:

+++	P. aeruginosa E. coli P. mirabilis H. influenzae	Salmonellen Shigellen Streptokokken Pneumokokken	Meningokokken Gonokokken
++	Anaerobier		
+	Klebsiella Serratia	Enterobacter Staphylokokken	Indol-pos. Proteus Enterokokken
0	Mykoplasmen	Chlamydien	

Nebenwirkungen:

Allergische Reaktionen, gastrointestinale Beschwerden, reversible Neutropenie, Blutungsneigung aufgrund von Thrombozytenfunktionsstörungen

Kontraindikationen:
Penicillin-Allergie

Pharmakokinetik:

Serum-HWZ 1 – 1,3 h, bei NI 10 – 15 h
Ausscheidung vorwiegend renal
Metabolisierung 15 %
Gewebegängigkeit gut, Liquorgängigkeit mäßig
Dialysierbar: HD +, PD +

Dosierung: i.v./i.m.

Erwachsene: 3 – 4 x 5 g
Kinder: 100 – 300 mg/kg/d in 4 Dosen
Neugeborene: < 1 Wo: 200 mg/kg/d in 3 Dosen
 > 1 Wo: 300 mg/kg/d in 4 Dosen

Bei NI:

Cr-Clearance (ml/min)	Max. Dosis / Intervall	
	(g)	(h)
80 – 50	5	6
50 – 30	4	6
30 – 10	3	8
10 – 5	3	12
< 5	2	12

Zusatzdosis nach Hd: 3 g

Kommentar:

Pseudomonas-Wirksamkeit von Ticarcillin schwächer als von Azlocillin und Piperacillin/Apalcillin. Hohe Natriumbelastung (5,2 mval Na/g Ticarcillin).

NF = Nierenfunktion; NI = Niereninsuffizienz; HWZ = Halbwertszeit;
HD = Hämodialyse; PD = Peritonealdialyse;

Carboxypenicilline

Temocillin   Temopen®

Wichtigste Indikationen:

Hospital-erworbene Infektionen wie z. B. HWI, gynäkologische und Atemwegs-Infektionen durch empfindliche gramnegative Keime, die gegen andere Penicilline resistent sind.

Spektrum

+++	Enterobakterien (außer Serratia)	H.influenzae	Gonokokken
++	Serratia		
+	grampositive Keime		
0	P. aeruginosa Acinetobacter	Bacteroides	Campylobacter

Nebenwirkungen:

Übelkeit, Erbrechen, Diarrhoe, allergische Reaktionen (Exantheme, Urticaria, selten Anaphylaxie), lokale Schmerzen bei i. m.-Gabe

Kontraindikationen:

Penicillin-Allergie

Pharmakokinetik:

Serum-HWZ 3,5 – 5 h, bei NI 17 – 25 h
Ausscheidung vorwiegend renal (90 %)
Metabolisierung 10 %
Gewebegängigkeit gut
Dialysierbar : HD +, PD –

Dosierung:	i. m./i. v.
Erwachsene:	2 x 0,5 – 2 g
Bei NI:	Cr-Clearance 30 – 10 ml/min 1 x 1 – 1,5 g < 10 ml/min 1 x 0,5 – 1 g
Zusatzdosis nach HD:	1 g

Kommentar:

Temocillin besitzt im Vergleich zu den anderen Penicillinen eine längere HWZ, dadurch Dosierung 2 x tgl. möglich. Da bisher kontrollierte klinische Studien fehlen, läßt sich eine genaue Indikationsstellung noch nicht formulieren.

NF = Nierenfunktion;   NI = Niereninsuffizienz;   HWZ = Halbwertszeit;
HD = Hämodialyse;   PD = Peritonealdialyse;

Cephalosporine I

Cefalotin
Cefazolin
Cefazedon

Cephalotin®, Cepovenin®
Gramaxin®, Elzogram®
Refosporin®

Wichtigste Indikationen:

Leichtere Infektionen wie z. B. Wundinfektionen, ambulant erworbene Pneumonien durch empfindliche Erreger; als Alternative zu Penicillin G bei Penicillin-Allergie; perioperative Prophylaxe

---

Spektrum

+++	Pneumokokken Streptokokken	Staphylokokken Gonokokken	Meningokokken
++	E. coli Klebsiella	P. mirabilis	Anaerobier (außer B. fragilis)
+	H. influenzae		
0	P. aeruginosa Indol-pos. Proteus Enterokokken	Serratia Enterobacter Citrobacter	B. fragilis Mykoplasmen Chlamydien

---

Nebenwirkungen:

Allergische Reaktionen (Exantheme, Urticaria, Eosinophilie, Medikamenten-Fieber, selten Anaphylaxie), reversible Neutropenie, Phlebitis, erhöhte Nephrotoxizität bei Kombination von Cefalotin mit Aminoglykosiden, positiver Coombs-Test, selten Thrombozytopenie, gastrointestinale Beschwerden

---

Kontraindikationen:

Cephalosporin-Allergie

Kommentar:

Bei Patienten mit Penicillin-Allergie besteht in 5 – 15 % auch eine Cephalosporin-Allergie. Cephalosporine nicht anwenden bei bekannter anaphylaktoider Reaktion auf Penicilline. Gleichzeitige Gabe von Furosemid vermeiden (nephrotoxisch!). Cefazolin/ Cefazedon haben im Vergleich zu Cefalotin eine längere Halbwertszeit, dadurch ist auch eine zweimalige Verabreichung täglich möglich.

Pharmakokinetik:

Serumspiegel:		mg/l	h	Dosis
	Cefalotin	7	1	1 g i. v.
	Cefazolin	52 – 70	1	1 g i. v.
	Cefazedon	50 – 65	1	1 g i. v.

Serum-HWZ (h):		Norm. NF	starke NI	HD
	Cefalotin	0,5 – 0,7	3 – 18	2 – 3
	Cefazolin	1,5 – 2,2	30 – 40	2,6 – 9
	Cefazedon	1,4 – 2,0	38	

Ausscheidung:	Cefalotin	renal (70 – 90 %)
	Cefazolin	renal (> 90 %)
	Cefazedon	renal (60 – 80 %)

Metabolisierung:	Cefalotin	20 – 40 %
	Cefazolin/Cefazedon	keine

Penetration:	gut	mäßig	schlecht
	Pleura-, Peritoneal-, Synovialflüssigkeit Galle fet. Kreisl. Urin		Liquor

Dialysierbar:	Cefalotin	HD +, PD +
	Cefazolin/Cefazedon	HD +, PD –

Dosierung:	Cefalotin i. m./i. v.	Cefazolin/Cefazedon i. m./i. v.
Erwachsene:	4 x 1 – 3 g	2 – 3 x 0,5 – 2 g
Kinder:	50 – 100 mg/kg/d in 4 Dosen	25 – 100 mg/kg/d in 3 – 4 Dosen
Neugeborene: < 1 Wo:	50 – 100 mg/kg/d in 2 Dosen	20 – 50 mg/kg/d in 2 Dosen
> 1 Wo:	60 – 100 mg/kg/d in 3 Dosen	45 – 90 mg/kg/d in 3 Dosen

Bei NI:	Cr-Clearance (ml/min)	Max. Dosis (g) / Intervall (h)	
		Cefalotin	Cefazolin/Cefazedon
	80 – 50	3 / 6	2 / 8
	50 – 30	2 / 6	1 / 8
	30 – 10	2 / 8	1 / 12
	10 – 5	2 / 12	0,5 / 12
	< 5	1 / 12	0,25 / 12

Zusatzdosis nach HD:	Cefalotin 1 g, Cefazolin/Cefazedon 0,5 g

NF = Nierenfunktion; NI = Niereninsuffizienz; HWZ = Halbwertszeit;
HD = Hämodialyse; PD = Peritonealdialyse;

Cephalosporine II

Cefamandol Mandokef®
Cefuroxim Zinacef®
Cefotiam Spizef®

Wichtigste Indikationen:

Therapie von Infektionen durch gramnegative Erreger, besonders wenn mit einer Beteiligung von Staphylokokken gerechnet werden muß. Gezielte Therapie von Infektionen durch H. influenzae (bei Ampicillin-Resistenz) oder gegebenenfalls durch Gonokokken (bei Penicillin-Resistenz). Die Kombination mit einem Aminoglykosid ist bei schweren systemischen Infektionen erforderlich.

Spektrum

+++	Streptokokken	Meningokokken	P. mirabilis
	Pneumokokken	H. influenzae	Salmonellen
	Staphylokokken	E. coli	Shigellen
	Gonokokken	Klebsiella	
++	Anaerobier (außer B. fragilis)		
+	Acinetobacter	Serratia	B. fragilis
	Enterobacter	Indol-pos. Proteus	
0	P. aeruginosa	Mykoplasmen	Chlamydien
	Enterokokken		

Nebenwirkungen:

Allergische Reaktionen, reversible Blutbildveränderungen (Neutropenie, Thrombozytopenie), positiver Coombs-Test, Phlebitis, Erhöhung der Transaminasen und alk. Phosphatase, gastrointestinale Beschwerden. Unter Cefamandol: Vitamin-K-abhängige Blutungen und Alkoholintoleranz aufgrund der N-Methylthiotetrazol-Seitenkette

Kontraindikationen:

Cephalosporin-Allergie

Kommentar:

Relativ preiswerte Breitspektrum-Cephalosporine der 2. Generation, die im Gegensatz zu den Cephalosporinen der 3. Generation (Cefotaxim, Ceftriaxon, Ceftazidim) eine gute Wirksamkeit gegen Staphylokokken besitzen und im Vergleich zu älteren Cephalosporinen der 1. Generation eine verstärkte Aktivität gegen gramnegative Keimarten. Wirkungslücken bei den sog. Problemkeimen (Pseudomonas, Enterobacter, Serratia) beachten! Kreuzallergie mit Penicillinen möglich (5 – 15 %). Für schwere H. influenzae-Infektionen ist Cefamandol nicht zu empfehlen wegen der beobachteten Therapieversager. Während Cefamandol-Therapie regelmäßige Kontrolle der Blutungszeit und des Prothrombingehaltes; prophylaktische Gabe von Vitamin K 10 mg/Woche empfohlen. Cefotiam ist wirksamer als Cefuroxim und Cefamandol gegen gramnegative Keime.

Pharmakokinetik:

Serumspiegel:		mg/l	h	Dosis
	Cefamandol	15 – 16	1	1 g i. v.
	Cefuroxim	24 – 25	1	1 g i. v.
	Cefotiam	18,5	1	1 g i. v.

Serum-HWZ (h):		norm. NF	starke NI	HD
	Cefamandol	0,6	8 – 24	4 – 7
	Cefuroxim	1,2	15 – 22	3,5
	Cefotiam	0,75	6,8 – 8	1,5 – 2,6

Ausscheidung:	Cefamandol	renal (65 – 85 %)
	Ceuroxim	renal (90 – 95 %)
	Cefotiam	renal (70 %)

Metabolisierung: keine

Penetration:	gut	mäßig	schlecht
	Galle	Liquor	Liquor
	Pleuraflüssigkeit	(nur Cefuroxim	
	Bronchialsekret	bei Meningitis)	
	Knochen	Prostata	
	fet. Kreislauf		

Dialysierbar:	Cefamandol	HD +, PD –
	Cefuroxim	HD +, PD +
	Cefotiam	HD +, PD +

Dosierung:	Cefamandol i. m./i. v.	Cefuroxim i. m./i. v.	Cefotiam i. m./i. v.
Erwachsene:	3 – 4 (– 6) x 1 – 2 g	3 – 4 x 0,75 – 1,5 g	2 – 3 x 1 – 2 g
Kinder:	50 – 150 mg/kg/d in 3 – 4 Dosen	50 – 100 mg/kg/d in 3 Dosen	50 – 100mg/kg/d in 3 Dosen
Neugeborene:		50 – 100 mg/kg/d in 2 Dosen	50 – 100 mg/kg/d in 2 – 3 Dosen

Bei NI:	Cr-Clearance (ml/min)	Max. Dosis (g) / Intervall (h)		
		Cefamandol	Cefuroxim	Cefotiam
	80 – 50	2 / 6	1,5 / 8	2 / 12
	50 – 30	2 / 8	1,5 / 12	2 / 12
	30 – 10	2 / 12	1,5 / 12	1,5 / 12
	10 – 5	1 / 12	0,75 / 8	1 / 12
	< 5	0,5 / 12	0,75 / 24	0,5-1 / 24

Zusatzdosis nach HD:	Cefamandol	0,5 g
	Cefuroxim	0,75 g
	Cefotiam	0,5 g

NF = Nierenfunktion; NI = Niereninsuffizienz; HWZ = Halbwertszeit;
HD = Hämodialyse; PD = Peritonealdialyse;

Cephalosporine II
Cefoxitin Mefoxitin®

Wichtigste Indikationen:

Chirurgische Prophylaxe, wenn Anaerobier zu erwarten sind. Monotherapie nur bei leichteren aerob-anaeroben Mischinfektionen.

Spektrum

+++	E. coli Klebsiellen	Gonokokken Proteus	Shigellen Salmonellen
++	H. influenzae Staphylokokken A-Streptokokken	Pneumokokken Serratia	Anaerobier (incl. B. fragilis)
+	Citrobacter	Enterobacter	Viridans-Streptokokken
0	P. aeruginosa Acinetobacter	Enterokokken Mykoplasmen	Chlamydien

Nebenwirkungen:

Allergische Reaktionen, reversible Blutbildveränderungen, Phlebitis, positiver Coombs-Test, Erhöhung der Transaminasen und alk. Phosphatase, gastrointestinale Beschwerden

Kontraindikationen:

Cephalosporin-Allergie

Kommentar:

Unter den Cephalosporinen (Ausnahme: Latamoxef) besitzt Cefoxitin die höchste Aktivität gegen orale und enterale Anaerobier. Für eine gezielte Therapie von Bacteroides-Infektionen, insbesondere Sepsis, wenig geeignet. Nur als Alternative zu Metronidazol oder Imipenem.

Pharmakokinetik:

Serumspiegel:	mg/l	h	Dosis
	10 – 13	1	1 g i.v.

Serum-HWZ (h):	norm. NF	starke NI	HD
	0,75	10 – 25	3 – 4

Ausscheidung: vorwiegend renal (90 – 95 %)

Metabolisierung: < 5 %

Penetration:	gut	mäßig	schlecht
	Urin Galle Knochen Eiter fet. Kreislauf	Liquor (bei Meningitis)	Liquor Muttermilch Kammerwasser

Dialysierbar: HD +, PD –

Dosierung: i.v./i.m.

Erwachsene: 3 –4 x 1 – 2 g

Kinder: 80 – 160 mg/kg/d
in 3 – 4 Dosen

Neugeborene: <1 Wo: 40 – 80 mg /kg/d in 2 Dosen
>1 Wo: 60 – 120 mg/kg/d in 3 Dosen

Bei NI:

Cr-Clearance (ml/min)	Max. Dosis / Intervall (g) / (h)
80 – 50	2 / 8
50 – 30	2 / 8
30 – 10	2 / 12
10 – 5	1 / 12
< 5	1 / 24

Zusatzdosis nach HD: 1 – 2 g

NF = Nierenfunktion; NI = Niereninsuffizienz; HWZ = Halbwertszeit;
HD = Hämodialyse; PD = Peritonealdialyse;

Cephalosporine II

Cefotetan   Apatef®

Wichtigste Indikationen:

Prophylaxe und Therapie abdomineller Mischinfektioen (Enterobakterien und Anaerobier)

Spektrum

++	Enterobakterien Anaerobier einschließlich B. fragilis
+	Staphylokokken
0	Streptokokken Enterokokken P. aeruginosa

Nebenwirkungen:

Allergische Reaktionen, reversible Blutbildveränderungen, Phlebitis, Erhöhung der Transaminasen und alk. Phosphatase, positiver Coombs-Test; Alkoholintoleranz und Blutungsneigung auf Grund der N-Methylthiotetrazol-Seitenkette, gastrointestinale Beschwerden.

Kontraindikationen:

Cephalosporin-Allergie

Pharmakokinetik:

Serum-HWZ 3,5 h, bei NI 11 – 13 h
Ausscheidung renal 80 %, biliär 12 – 20 %
Keine Metabolisierung
Gewebegängigkeit gut
Dialysierbar: HD +, PD –

Dosierung: i. v./i. m.

Erwachsene: 2 x 1 – 2 g (bis 3 x 2 g)

Kinder: 20 – 60 mg/kg/d in 2 Dosen

Bei NI:

Cr-Clearance (ml/min)	Max. Dosis (g)	/ Intervall (h)
50 – 30	2	/ 12
30 – 10	1	/ 12
10 – 5	0,5	/ 12
< 5	0,5	/ 24

Kommentar:

Cefotetan ist gegen gramnegative Keime wirksamer als Cefoxitin, jedoch weniger wirksam als Cefotaxim oder Ceftriaxon. Auf Grund der langen Halbwertszeit ist eine zweimalige Verabreichung täglich möglich.

Cephalosporine III

Latamoxef Moxalactam®

Wichtigste Indikationen:
Schwere abdominelle Mischinfektionen

Spektrum:

+++	Enterobakterien Meningokokken	H.influenze	Gonokokken
++	Staphylokokken Streptokokken	B. fragilis und andere Anaerobier	Pneumokokken
+	P. aeruginosa		
0	Enterokokken Mykoplasmen	Legionellen	Chlamydien

Nebenwirkungen:

Allergische Reaktionen, reversible Blutbildveränderungen, Phlebitis, Erhöhung der Transaminasen und alk. Phosphatase, positiver Coombs-Test; Vitamin-K-abhängige Blutungen und Alkoholintoleranz auf Grund der N-Methylthiotetrazol-Seitenkette, gastrointestinale Beschwerden

Kontraindikationen:

Cephalosporin-Allergie

Pharmakokinetik:

Serum-HZW 2,3 h, bei NI 19 – 22 h
Ausscheidung renal 75 – 90 %, biliär 5 – 10 %
Keine Metabolisierung
Gewebegängigkeit gut, Liquorgängigkeit mäßig
Dialysierbar: HD +, PD –

Dosierung: i.v./i.m.

Erwachsene:		2 x 1 – 2 g (bis 3 x 2 g)
Kinder:		100 – 200 mg/kg/d in 4 Dosen
Neugeborene:	< 1 Wo:	50 – 100 mg/kg/d in 2 Dosen
	> 1 Wo:	75 – 150 mg/kg/d in 3 Dosen

Bei NI:	Cr-Clearance (ml/min)	Max. Dosis / Intervall (g) / (h)
	80 – 50	1 / 8
	50 – 30	1 / 12
	30 – 5	0,5 / 12
	< 5	0,5 / 24
Zusatzdosis nach HD:	1 g	

Kommentar:

Regelmäßige Kontrollen der Gerinnung während der Therapie. Prophylaktische Gabe von Vitamin K 10 mg/Woche empfohlen. Da genügend ebenso wirksame Alternativ-Präparate zur Verfügung stehen, wird Latamoxef wegen der relativ häufig auftretenden Blutungen mit Zurückhaltung eingesetzt.

NF = Nierenfunktion; NI = Niereninsuffizienz; HWZ = Halbwertszeit;
HD = Hämodialyse; PD = Peritonealdialyse;

Cephalosporine III

Cefotaxim   Claforan®
Ceftriaxon   Rocephin®

Wichtigste Indikationen:

Ungezielte Therapie von schweren Infektionen durch vermutlich gramnegative Erreger. Gezielte Therapie von Infektionen durch gramnegative Erreger nur bei Resistenz gegen ältere Cephalosporine. Lebensbedrohliche H. influenzae-Infektionen. Meningitis durch gramnegative Erreger.

Spektrum

+++	Enterobakterien H. influenzae	Gonokokken Meningokokken	Streptokokken Pneumokokken
++	Staphylokokken	Anaerobier (außer B. fragilis)	
+	P. aeruginosa	B. fragilis	
0	Enterokokken	Legionellen Mykoplasmen	Chlamydien Clostridium difficile

---

Nebenwirkungen:

Allergische Reaktionen, reversible Blutbildveränderungen, Phlebitis, positiver Coombs-Test, Erhöhung der Transaminasen und alk. Phosphatase, gastrointestinale Beschwerden, reversible Gallensteinbildung unter Ceftriaxon.

Kontraindikationen:

Cephalosporin-Allergie

Kommentar:

Breitspektrum-Cephalosporine der 3. Generation sollten nicht für die gezielte Therapie von Infektionen durch gramnegative Erreger eingesetzt werden, die empfindlich sind gegen ältere, billigere Cephalosporine oder Penicilline. Ausnahme: Schwere, lebensbedrohliche Infektionen wie Sepsis oder Pneumonie, da auf Grund der höheren Aktivität bessere klinische Ergebnisse zu erwarten sind. Kombination mit einem Aminoglykosid empfehlenswert. Ceftriaxon ist das Cephalosporin mit der längsten Halbwertszeit. Dosierung 1 x täglich, dadurch Kosteneinsparungen möglich.

Pharmakokinetik:

Serumspiegel:		mg/l	h	Dosis
	Cefotaxim	12 – 20	1	1 g i. v.
	Ceftriaxon	95 – 120	1	1 g i. v.

Serum-HWZ (h):		norm. NF	starke NI	HD
	Cefotaxim	1,2 – 1,8	2,5	1,6 – 3,4
	Ceftriaxon	5,8 – 8,7	12 – 18	16

Ausscheidung:	Cefotaxim	renal (55 %), biliär (5 – 10 %)
	Ceftriaxon	renal (40 – 60 %) und biliär (35 – 40 %)

Metabolisierung:	Cefotaxim	30 –50 %
	Ceftriaxon	gering

Penetration:	gut	mäßig	schlecht
	Urin	Bronchialsekr.	Liquor
	Knochen	Liquor	Muttermilch
	Wundsekret	(bei Meningitis)	
	Galle		
	Haut		
	Fruchtwasser		
	fet. Kreislauf		

Dialysierbar:	Cefotaxim	HD +, PD ±
	Ceftriaxon	HD –, PD –

Dosierung:	Cefotaxim	Ceftriaxon
	i. v./i. m.	i. v./i. m.
Erwachsene:	2 – 3 x 1 – 2 g (bis 4 x 3 g)	1 x 2 g (bis 2 x 2 g)
Kinder:	50 – 200 mg/kg/d in 3 – 4 Dosen	50 – 100 mg/kg/d in 1 Dosis
Neugeborene: <1Wo:	100 mg/kg/d in 2 Dosen	50 mg/kg/d in 1 Dosis
>1 Wo:	150 mg/kg/d in 3 Dosen	50 – 75 mg/kg/d in 1 Dosis

Bei NI: Cefotaxim	Cr-Clearance (ml/min)	Max. Dosis (g)	/ Intervall (h)
	80 – 50	2	8
	50 – 30	2	8
	30 – 10	2	12
	10 – 5	1	8
	< 5	1	12

Ceftriaxon Cr-Clearance < 10 ml/min 1 g/d

Zusatzdosis nach HD: Cefotaxim 1 g
Ceftriaxon nicht erforderlich

NF = Nierenfunktion;   NI = Niereninsuffizienz;   HWZ = Halbwertszeit;
HD = Hämodialyse;   PD = Peritonealdialyse;

Cephalosporine III

Cefmenoxim Tacef®
Ceftizoxim Ceftix®

Wichtigste Indikationen:

Ungezielte Therapie von schweren Infektionen mit vermutlich gramnegativen Erregern. Bei schweren systemischen Infektionen Kombination mit Aminoglykosid notwendig, bei möglicher Beteiligung von Bacteroides fragilis Kombination mit Metronidazol empfehlenswert.
Gezielte Therapie von Infektionen durch gramnegative Erreger nur bei Resistenz gegen Ampicillin/Cephalosporine II.

Spektrum

+++	Enterobakterien H. influenzae	Gonokokken Meningokokken	Streptokokken Pneumokokken
++	Staphylokokken	Anaerobier (außer B. fragilis)	
+	P. aeruginosa	B. fragilis	
0	Enterokokken	Legionellen Mykoplasmen	Chlamydien Clostridium difficile

---

Nebenwirkungen:

Allergische Reaktionen, reversible Blutbildveränderungen, Phlebitis, positiver Coombs-Test, Erhöhung der Transaminasen und alk. Phosphatase, gastrointestinale Beschwerden. Bei Cefmenoxim: Vitamin-K-abhängige Alkoholintoleranz und Blutungsneigung auf Grund der N-Methylthiotetrazol-Seitenkette

---

Kontraindikationen:

Cephalosporin-Allergie

Kommentar:

Ceftizoxim und Cefmenoxim sind dem Cefotaxim sehr ähnlich, werden jedoch nicht metabolisiert, wodurch etwas höhere Serum- und Gewebekonzentrationen resultieren. Ceftizoxim hat eine etwas längere Halbwertszeit. Unter Cefmenoxim-Therapie regelmäßige Kontrolle der Blutgerinnung, prophylaktische Gabe von Vitamin K 10 mg/Woche empfohlen.

Pharmakokinetik:

Serumspiegel:		mg/l	h	Dosis
	Cefmenoxim	22 – 25	1	1 g i. v.
	Ceftizoxim	30	1	1 g i. v.

Serum-HWZ (h):		norm. NF	starke NI	HD
	Cefmenoxim	0,8 –1,2	7 – 13	
	Ceftizoxim	1,7 –1,9	28 – 36	5,3

Ausscheidung:	Cefmenoxim	renal (70 – 80 %), biliär (11 %)
	Ceftizoxim	renal (85 %)

Metabolisierung: keine

Penetration:	gut	mäßig	schlecht
	Galle	Liquor (bei	Liquor
	Knochen	Meningitis)	Muttermilch
	fet. Kreislauf		
	Urin		

Dialysierbar:	Cefmenoxim	HD +, PD ±
	Ceftizoxim	HD +, PD –

Dosierung: i. v./i. m.

Erwachsene: 2 – 3 x 1 – 2 g (bis 3 x 3 g)

Kinder: 50 – 120 mg/kg/d
in 3 – 4 Dosen

Bei NI:	Cr-Clearance (ml/min)	Max. Dosis (g) / Intervall (h)	
		Cefmenoxim	Ceftizoxim
	80 – 50	2 / 12	2 / 8
	50 – 30	2 / 12	2 / 12
	30 – 10	1,5 / 12	1,5 / 12
	10 – 5	1 / 12	1 / 12
	< 5	0,5-1 / 24	0,5-1 / 24

Zusatzdosis nach HD:	Cefmenoxim	0,5 g
	Ceftizoxim	0,5 g

NF = Nierenfunktion; NI = Niereninsuffizienz; HWZ = Halbwertszeit;
HD = Hämodialyse; PD = Peritonealdialyse;

Cephalosporine III
Ceftazidim   Fortum®

Wichtigste Indikationen:

Ungezielte Therapie von schweren Infektionen mit vermutlicher Beteiligung von P. aeruginosa oder anderen, häufig resistenten gramnegativen Erregern. Je nach Schwere der Infektion zusätzliche Gabe eines Aminoglykosids. Gezielte Therapie von Pseudomonas-Infektionen und Infektionen durch andere gramnegative Erreger, die gegen ältere Cephalosporine oder Penicilline resistent sind.

Spektrum

+++	Enterobakterien	Gonokokken	Streptokokken
	P. aeruginosa	Meningokokken	Pneumokokken
	H. influenzae		
++	Staphylokokken	Anaerobier (außer B. fragilis)	
+	B. fragilis		
0	Enterokokken	Legionellen	Chlamydien
		Mykoplasmen	Clostridium difficile

Nebenwirkungen:

Allergische Reaktionen, reversible Blutbildveränderungen, Phlebitis, positiver Coombs-Test, Erhöhung der Transaminasen und alk. Phosphatase, gastrointestinale Beschwerden

Kontraindikationen:

Cephalosporin-Allergie

Kommentar:

Breitspektrum-Cephalosporin der 3. Generation mit der stärksten Pseudomonas-Aktivität. In einigen Studien hat es sich zur Monotherapie bei immunkompromitierten Patienten als geeignet erwiesen. Bei vermutlicher Anaerobier-Beteiligung kann mit Clindamycin, bei Verdacht auf Staphylokokken-Beteiligung mit Flucloxacillin oder Vancomycin kombiniert werden. Bei systemischen und schweren Pseudomonas-Infektionen ist die zusätzliche Gabe von Tobramycin empfehlenswert.

Pharmakokinetik:

Serumspiegel:	mg/l	h	Dosis
	35 – 40	1	1 g i. v.

Serum-HWZ (h):	norm.NF	starke NI	HD
	1,7 – 2,1	16 – 25	2 – 5

Ausscheidung: renal (90 %)

Metabolisierung: < 5 %

Penetration	gut	mäßig	schlecht
	Galle Knochen Synovial-, Pleura- flüssigkeit Aszites Urin	Bronchialsekret Liquor (bei Meningitis)	Liquor

Dialysierbar: HD +, PD +

Dosierung:

	i.v./i.m.
Erwachsene:	2 – 3 x 1 – 2 g
Kinder:	50 – 150 mg/kg/d in 3 Dosen
Neugeborene: <1 Wo:	60 mg/kg/d in 2 Dosen
>1 Wo:	90 mg/kg/d in 3 Dosen

Bei NI:

Cr-Clearance (ml/min)	Max. Dosis (g)	/ Intervall (h)
80 – 50	2	/ 8
50 – 30	1,5	/ 12
30 – 10	1,5	/ 24
10 – 5	1	/ 24
< 5	0,5	/ 24

Zusatzdosis nach HD: 0,5 g

NF = Nierenfunktion; NI = Niereninsuffizienz; HWZ = Halbwertszeit;
HD = Hämodialyse; PD = Peritonealdialyse;

Cephalosporine III

Cefoperazon Cefobis®

Wichtigste Indikationen:

Gezielte Therapie von schweren Infektionen durch gramnegative Erreger

Spektrum

+++	E. coli H. influenzae	Klebsiella	P. mirabilis
++	P. aeruginosa Indol-pos. Proteus Streptokokken	Enterobacter Citrobacter Serratia	Staphylokokken Anaerobier (außer B. fragilis)
+	B. fragilis	Acinetobacter	
0	Enterokokken		

Nebenwirkungen:

Allergische Reaktionen, reversible Blutbildveränderungen, Phlebitis, positiver Coombs-Test, Erhöhung der Transaminasen und alk. Phosphatase, häufig Diarrhoe (10 –30 %); Vitamin-K-abhängige Blutungen und Alkoholintoleranz auf Grund der N-Methylthiotetrazol-Seitenkette

Kontraindikationen:

Cephalosporin-Allergie

Pharmakokinetik:

Serum-HWZ 1,9 h, bei NI 2,5 – 4,2 h
Ausscheidung renal 25 – 30 %, biliär 70 %
Metabolisierung 75 %
Gewebegängigkeit gut, Liquorgängigkeit mäßig
Dialysierbar: HD ±, PD ±

Dosierung:	i.v./i.m.
Erwachsene:	2 x 1 – 2 g (bis 3 x 3 g)
Kinder:	50 – 100 mg/kg/d in 2 – 3 Dosen
Bei NI:	keine Dosisreduktion (bis zu 4 g/d)
Zusatzdosis nach HD:	nicht erforderlich

Kommentar:

Beschränkte Indikationen, da inzwischen besser wirksame Cephalosporine zur Verfügung stehen. Cefotaxim oder Ceftriaxon sind aktiver gegen Enterobakterien; Ceftazidim ist aktiver gegen P. aeruginosa. Regelmäßige Kontrolle der Blutgerinnung während der Therapie, prophylaktische Gabe von Vitamin K 10 mg/Woche empfohlen.

Cephalosporine III

Cefsulodin   Pseudocef®

Wichtigste Indikationen:
Gezielte Therapie von Pseudomonas-Infektionen.

Spektrum

+++	P. aeruginosa		
+	Staphylokokken Meningokokken	Streptokokken	Gonokokken
0	Enterobakterien	H. influenzae	Enterokokken

Nebenwirkungen:

Allergische Reaktionen, reversible Blutbildveränderungen, Phlebitis, Erhöhung der Serumtransaminasen und alk. Phosphatase, positiver Coombs-Test, gastrointestinale Beschwerden

Kontraindikationen:
Cephalosporin-Allergie

Pharmakokinetik:
Serum-HWZ 1,6 h, bei NI 10 – 13 h
Ausscheidung vorwiegend renal 60 – 70 %
Metabolisierung < 5 %
Gewebegängigkeit gut, Liquorgängigkeit schlecht
Dialysierbar: HD +, PD ±

Dosierung:	i.v./i.m.		
Erwachsene:	3 x 1 – 2 g		
Kinder:	50 – 100 mg/kg/d in 2 – 3 Dosen		
Bei NI:	Cr-Clearance (ml/min)	Max. Dosis / Intervall	
		(g)	(h)
	80 – 50	2 /	8
	50 – 30	2 /	12
	30 – 10	1,5 /	12
	10 – 5	1 /	12
	< 5	0,5 /	12
Zusatzdosis nach HD:	0,5 g		

Kommentar:

Schmalspektrum-Cephalosporin mit guter Pseudomonas-Aktivität (Ceftazidim > Cefsulodin > Pseudomonas-wirksame Penicilline). Nur bei Pseudomonas-Infektionen indiziert.

NF = Nierenfunktion;   NI = Niereninsuffizienz;   HWZ = Halbwertszeit;
HD = Hämodialyse;   PD = Peritonealdialyse;

Oralcephalosporine

Cefalexin Oracef®, Ceporexin®
Cefadroxil Bidocef®
Cefaclor Panoral®

Wichtigste Indikationen:

Alternative Oraltherapie bei Penicillinallergie für leichtere Infektionen der Harnwege, Atemwege und Weichteile

Spektrum

++	H. influenzae (Cefaclor) Meningokokken Gonokokken	Streptokokken Pneumokokken Staphylokokken Branhamella	E. coli Proteus mirabilis Klebsiella
0	P. aeruginosa Indol-pos. Proteus Enterokokken	B. fragilis Serratia Enterobacter	Mykoplasmen Chlamydien Clostridium difficile

Nebenwirkungen:

Allergische Reaktionen, reversible Blutbildveränderungen, positiver Coombs-Test, Erhöhung der Transaminasen und alk. Phosphatase, gastrointestinale Beschwerden (Erbrechen, Diarrhoe)

Kontraindikationen:

Cephalosporin-Allergie

Kommentar:

Die Oralcephalosporine werden insbesondere in der Pädiatrie bevorzugt eingesetzt, da sie im Vergleich zu den Aminobenzylpenicillinen besser verträglich sind. Sie sind jedoch relativ teuer. Cefaclor hat eine höhere Aktivität gegen H. influenzae als Cefadroxil und Cefalexin. Cefadroxil kann auf Grund der längeren Halbwertszeit zweimal täglich gegeben werden.

Pharmakokinetik:

Serumspiegel:		mg/l	h	Dosis
	Cefalexin	12 – 15	1	0,5 g p. o.
	Cefadroxil	12 – 16	1	0,5 g p. o.
	Cefaclor	9 – 17	1	0,5 g p. o.
Serum-HWZ (h):		norm.NF	starke NI	HD
	Cefalexin	1	20 – 40	4,5 – 6
	Cefadroxil	1,5	13 – 25	2,3 – 3,4
	Cefaclor	0,8	2,5 – 3	1,5

Ausscheidung: vorwiegend renal

Metabolisierung: Cefalexin/Cefadroxil: keine
  Cefaclor: 5 – 15 %

Penetration:	gut	mäßig	schlecht
	Galle		Liquor
	Niere		Galle
	Urin		(bei Obstruktion)
	Pleura-,		
	Perikard-,		
	Synovial-		
	flüssigkeit		
	Knochen		

Dialysierbar:	Cefalexin	HD +, PD+
	Cefadroxil	HD +, PD ±
	Cefaclor	HD +, PD ?

Dosierung:	Cefalexin p. o.	Cefadroxil p. o.	Cefaclor p. o.
Erwachsene:	4 x 0,5 – 1 g	2 x 1 – 2 g	3 x 0,5 – 1 g
Kinder:	50 – 100 mg/kg/d in 4 Dosen	50 – 100 mg/kg/d in 2 Dosen	30 – 50 mg/kg/d in 3 Dosen

Bei NI:		Cr-Clearance (ml/min)	Max. Dosis (g) / Intervall (h) Cefalexin	Cefadroxil
Keine		80 – 50	1 / 6	1 / 12
Dosisreduktion		50 – 30	0,5 / 6	0,5 / 12
bei Cefaclor		30 – 10	0,5 / 12	0,5 / 24
		10 – 5	0,5 / 24	0,5 / 36
		< 5	0,25 / 24	0,5 / 36

Zusatzdosis nach HD:	Cefalexin	0,5 g
	Cefadroxil	1,0 g
	Cefaclor	0,5 g

NF = Nierenfunktion; NI = Niereninsuffizienz; HWZ = Halbwertszeit;
HD = Hämodialyse; PD = Peritonealdialyse;

Oralcephalosporine
Cefuroximaxetil

Elobact®, Zinnat®

Wichtigste Indikationen:

Leichte bis mittelschwere Infektionen der Atemwege und im HNO-Bereich, Harnwegsinfektionen, Infektionen der Haut und des Weichteilgewebes sowie Gonorrhoe

Spektrum

+++	Streptokokken Pneumokokken	H. influenzae	Branhamella
++	Anaerobier (außer B. fragilis) Staphylokokken	E. coli Klebsiella P. mirabilis	Gonokokken Meningokokken
0	Enterokokken P. aeruginosa B. fragilis	Indol-pos. Proteus Serratia Enterobacter	Mykoplasmen Chlamydien Clostridium difficile

Nebenwirkungen:

Gastrointestinale Beschwerden, allergische Reaktionen, Blutbildveränderungen, Transaminasenanstieg, positiver Coombs-Test, Kopfschmerzen

Kontraindikationen:

Cephalosporin-Allergie

Kommentar:

Cefuroximaxetil ist ein sog. Prodrug von Cefuroxim, d.h. es wird im Gegensatz zur Muttersubstanz oral resorbiert, wobei es nach der Resorption zur Spaltung des Esters kommt und Cefuroxim freigesetzt wird. Wie die anderen oralen Cephalosporine gut verträglich. Die Bioverfügbarkeit ist höher, wenn die Einnahme nach dem Essen erfolgt. Im Vergleich zu den älteren Oralcephalosporinen hat Cefuroximaxetil gegen gramnegative Keime eine höhere Aktivität. Von Bedeutung könnte vor allem die gute Wirksamkeit gegen Haemophilus influenzae (einschließlich Ampicillin-resistente Stämme) sein.

Pharmakokinetik:

Serumspiegel:	mg/l	h	Dosis
	4 – 6	2 – 3	250 mg p.o.
	7 – 10	2 – 3	500 mg p.o.

Serum-HWZ (h):	norm. NF	starke NI	HD
	1 – 1,5	15 – 22	3,5

Ausscheidung: vorwiegend renal

Metabolisierung: keine

Penetration:	gut	mäßig	schlecht
	Galle Pleura- flüssigkeit Bronchialsekret Knochen fet. Kreislauf	Prostata	Liquor

Dialysierbar: HD +, PD +

Dosierung: p.o. (mg bezogen auf Cefuroxim)

Erwachsene: 2 x 250 – 500 mg

Kinder ≥ 5 Jahre: 2 x 125 – 250 mg

Bei NI: keine Dosisreduktion

Zusatzdosis nach HD: 250 – 500 mg

NF = Nierenfunktion; NI = Niereninsuffizienz; HWZ = Halbwertszeit;
HD = Hämodialyse; PD = Peritonealdialyse;

Carbapeneme

Imipenem / Cilastatin Zienam®

Wichtigste Indikationen:

Ungezielte Therapie von schweren Infektionen wie Sepsis, Peritonitis und Pneumonie, insbesondere dann, wenn eine Monotherapie (ohne Aminoglykosid) wünschenswert oder notwendig ist. Gezielte Therapie von Infektionen durch Erreger, die gegen andere Antibiotika resistent sind.

Spektrum

+++	Enterobakterien P. aeruginosa B. fragilis und andere Anaerobier	H.influenzae Streptokokken Pneumokokken Meningokokken	Campylobacter Aktinomyzeten Nocardia Brucellen
++	Staphylokokken Proteus	Enterokokken (außer E. faecium)	Listerien
+	E. faecium		
0	P. cepacia P. maltophilia	Chlamydien	Mykoplasmen

Nebenwirkungen:

Gastrointestinale Beschwerden (Übelkeit, Erbrechen, Diarrhoe), Anstieg der Transaminasen, Phlebitis, allergische Reaktionen (Exantheme), Eosinophilie, Leukopenie, Thrombozytopenie, positiver Coombs-Test, selten Verlängerung der Prothrombinzeit, zentralnervöse Störungen (Krämpfe, Verwirrtheit).

Kontraindikationen:

Imipenem- oder Cilastatin-Allergie; Schwangerschaft und Kinder < 3 Monate (noch nicht zugelassen).

Kommentar:

Imipenem ist in Kombination mit Cilastatin auf dem Markt. Letzteres ist ein Inhibitor der renalen Dipeptidase, der (a) eine Inaktivierung von Imipenem in der Niere verhindert, und (b) offensichtlich einen nephroprotektiven Effekt hat, da er die Anreicherung von Imipenem in den Nierentubuli verhindert. Bei der gezielten Therapie von Pseudomonas-Infektionen soll Imipenem mit einem Aminoglykosid (z. B. Tobramycin) kombiniert werden. In vitro Antagonismus bei Kombination mit Cephalosporinen oder Breitspektrum-Penicillinen. Imipenem ist zur Zeit das Antibiotikum mit dem breitesten Spektrum und der höchsten Aktivität gegen Anaerobier. Dies sollte jedoch nicht dazu verleiten, auf entsprechende mikrobiologisch diagnostische Maßnahmen zu verzichten. Bei bekanntem Erreger und Antibiogramm sollten Substanzen mit engerem Spektrum bevorzugt werden.

Pharmakokinetik:

Serumspiegel:	mg/l	h	Dosis
	20 – 40	1	0,5 g i. v.

Serum-HWZ (h):	norm. NF	starke NI	HD
	1	2,9 – 4	1

Ausscheidung: renal (65 – 80 %)

Metabolisierung: ~ 30 %

Penetration:	gut	mäßig	schlecht
	Urin Galle Pleura-, Synovial- flüssigkeit Knochen	Liquor (bei Meningitis)	Liquor

Dialysierbar: HD +, PD ?

Dosierung:

Erwachsene: i.v.
3 – 4 x 0,5 – 1 g

Kinder > 3 Mo: 60 mg/kg/d
in 4 Dosen

Bei NI:	Cr-Clearance (ml/min)	Max. Dosis (g)	/	Intervall (h)
	70 – 30	0,5	/	6
	30 – 20	0,5	/	8
	< 20	0,5	/	12

Zusatzdosis nach HD: 0,5 g

NF = Nierenfunktion;   NI = Niereninsuffizienz;   HWZ = Halbwertszeit;
HD = Hämodialyse;   PD = Peritonealdialyse;

Monobactame

Aztreonam Azactam®

Wichtigste Indikationen:

Schwere Infektionen wie Sepsis, Pneumonie, intraabdominelle Infektionen, Wundinfektionen, HWI durch gramnegative Erreger.

Spektrum

+++	Enterobakterien P. aeruginosa	Gonokokken Meningokokken	H. influenzae
+	Acinetobacter	Alcaligenes	
0	grampositive Keime Anaerobier		

Nebenwirkungen:

Allergische Hautreaktionen, Übelkeit, Erbrechen, Diarrhoe, Blutbildveränderungen, Phlebitis, Leber- und Gallenwegsreaktionen

Kontraindikationen:

Schwangerschaft, Stillperiode

Kommentar:

Reserveantibiotikum (teuer!) zur gezielten Therapie gramnegativer Infektionen. Bei Behandlung von Mischinfektionen ist eine Kombination mit z.B. Clindamycin oder Vancomycin notwendig. Es wird gegenwärtig diskutiert, ob Aztreonam Aminoglykoside ersetzen kann. Theoretisch besitzt Aztreonam einige Vorteile: es wirkt in anaerobem Milieu und bei sauren pH-Werten. Bei alkoholischer Leberzirrhose Dosisreduktion auf $1/4 - 1/5$ der Normaldosis.

Pharmakokinetik:

Serumspiegel:	mg/l	h	Dosis
	48	1	1 g i.v.

Serum-HWZ (h):	norm.NF	starke NI	HD
	1,7	6 – 8,7	2,7

Ausscheidung: vorwiegend renal (70 %)

Metabolisierung: 20 – 30 %

Penetration:	gut	mäßig	schlecht
	Galle Urin	Liquor (bei Meningitis)	Liquor

Dialysierbar: HD +, PD +

Dosierung: i.v./i.m.

Erwachsene: 2 – 3 x 1 – 2 g (bis 4 x 2 g)

Kinder: 30 – 50 mg/kg
alle 6 – 8 Std.

Neugeborene: 30 – 50 mg/kg
alle 12 Std.

Bei NI: Initial Normaldosis,
Cr-Clearance 30 – 10 ml/min: 1 g / 12 Std
                < 10 ml/min: 1 g / 24 Std

Zusatzdosis nach HD: 0,5 g

NF = Nierenfunktion; NI = Niereninsuffizienz; HWZ = Halbwertszeit;
HD = Hämodialyse; PD = Peritonealdialyse;

β-Laktamase-Hemmer

Clavulansäure
+ Amoxicillin Augmentan®
+ Ticarcillin Betabactyl®

Wichtigste Indikationen:

HWI, Otitis media, Sinusitis, Bronchitis durch Amoxicillin bzw. Ticarcillin resistente Erreger auf Grund von β-Laktamase-Bildung (siehe unter Spektrum)

Spektrum

Siehe Amoxicillin bzw. Ticarcillin;

zusätzlich β-Laktamase bildende Stämme von:
S. aureus	Klebsiella	E. coli
B. catarrhalis	P. vulgaris	Gonokokken
H. influenzae	P. mirabilis	B. fragilis

Nebenwirkungen:

Allergische Reaktionen (Exantheme, Urticaria, Fieber, Anaphylaxie), gastrointestinale Beschwerden (Übelkeit, Erbrechen, Diarrhoe, pseudomembranöse Colitis)

Kontraindikationen:

Penicillin-Allergie

Kommentar:

Clavulansäure selbst besitzt nur eine geringe antibakterielle Wirksamkeit, hemmt allerdings die von bestimmten Bakterienspezies gebildeten β-Laktamasen z. B. von S. aureus, H. influenzae, B. fragilis und Klebsiella.
Enterobacter, Serratia und Pseudomonas können β-Laktamasen bilden, die nicht durch Clavulansäure gehemmt werden.
Augmentan® stellt eine Bereicherung der oralen Penicillin-Therapie dar, insbesondere in Ländern mit hoher Inzidenz von Ampicillin resistenten H. influenzae.

Pharmakokinetik:

Serumspiegel:	mg/l	h	Dosis
	8 – 13	1	0,2 g i. v.

Serum-HWZ (h):	norm. NF	starke NI	HD
	0,7 – 1,4	2,6 – 4,3	1,2

Ausscheidung: renal 50 – 60%, biliär ~ 10%

Metabolisierung: 30 – 40%

Penetration:	gut	mäßig	schlecht
	Galle Aszites Pleura- flüssigkeit Knochen Urin	Liquor (bei Meningitis)	Liquor

Dialysierbar: HD +, PD ?

Dosierung:		Clavulansäure/ Amoxicillin	Clavulansäure/ Ticarcillin
Erwachsene:	i.v.:	3 – 4 x 1,2 g	3 x 3,2 – 5,2 g
	p.o.:	3 x 0,625 – 1,25 g	–
Kinder:	i.v.:	60 mg/kg/d	240 mg/kg/d in 3 Dosen
	p.o.:	100 – 150 mg/kg/d in 3 Dosen	–
Bei NI:		Cr-Clearance 30 – 15 ml/min: 2 x 0,6 g i.v. 2 x 3,2 g i.v.	
		Cr-Clearance < 15 ml/min: 1 x 0,6 g i.v. 2 x 1,6 g i.v. 1 – 2 x 0,625 g p. o.	
Zusatzdosis nach HD:		0,312 g	

NF = Nierenfunktion;   NI = Niereninsuffizienz;   HWZ = Halbwertszeit;
HD = Hämodialyse;   PD = Peritonealdialyse;

β-Laktamase-Hemmer
Sulbactam
+ Ampicillin   Unacid®

Wichtigste Indikationen:

Mischinfektionen, wenn Problemkeime wie Serratia, Enterobacter und Pseudomonas nicht zu erwarten sind, wie z. B. gynäkologische Infektionen, Haut- und Weichteilinfektionen. Prophylaxe in der Abdominalchirurgie.

Spektrum

Siehe Ampicillin

zusätzlich β-Laktamase bildende Stämme von:

Staphylokokken	Klebsiellen	Gonokokken
B. catarrhalis	E. coli	B. fragilis
H. influenzae	Proteus	

Nebenwirkungen:

Allergische Reaktionen, gastrointestinale Beschwerden

Kontraindikationen:

Penicillin-Allergie

Kommentar:

Sulbactam selbst besitzt nur eine sehr geringe antibakterielle Wirksamkeit, hemmt allerdings die von bestimmten Bakterienspezies gebildeten β-Laktamasen z. B. von S. aureus, H. influenzae, B. fragilis und Klebsiella.
Enterobacter, Serratia und Pseudomonas können β-Laktamasen bilden, die nicht durch Sulbactam gehemmt werden. Sulbactam und Ampicillin haben auch bei eingeschränkter Nierenfunktion eine ähnliche Pharmakokinetik. Das Kombinationspräparat ist gut verträglich. Zur Zeit nur parenteral verfügbar.

Pharmakokinetik:

Serumspiegel :	mg/l	h	Dosis
	18 –20	1	1 g i. v.

Serum-HWZ (h):	norm. NI	starke Ni	HD
	1	21	2,3

Ausscheidung: vorwiegend renal

Metabolisierung: keine

Penetration:	gut	mäßig	schlecht
	Galle Aszites Sputum Eiter	Liquor (bei Meningitis)	Liquor

Dialysierbar: HD +, PD ?

Dosierung: Sulbactam/Ampicillin
i. v./i. m.

Erwachsene: 3 – 4 x 0,75 – 3 g

Kinder > 1 Jahr: 50 – 100 mg/kg/d
in 3 – 4 Dosen

Bei NI:	Cr-Clearance (ml/min)	Max. Dosis / Intervall	
		(g)	(h)
	30 – 15	3 /	12
	15 – 5	3 /	12
	> 5	3 /	48

Zusatzdosis nach HD: 1,5 g

NF = Nierenfunktion; NI = Niereninsuffizienz; HWZ = Halbwertszeit;
HD = Hämodialyse; PD = Peritonealdialyse;

Aminoglykoside

Gentamicin Refobacin®
Tobramycin Gernebcin®

Wichtigste Indikationen:

Schwere, insbesondere nosokomiale Infektionen wie Sepsis, Endokarditis, Pneumonie, Pyelonephritis durch gramnegative Erreger, vorwiegend als Kombinationspartner der β-Laktamantibiotika.

Spektrum

+++	Enterobakterien	P. aeruginosa
++	Staphylokokken	
+	H. influenzae	Neisserien
0	Enterokokken	Streptokokken	P. cepacia
	Anaerobier	Pneumokokken	P. maltophilia

Nebenwirkungen:

Ototoxizität (häufig irreversibel) und Nephrotoxizität (meist reversibel) vor allem bei Überdosierung (Spitzenspiegel > 10mg/l, Talspiegel > 2 mg/l), langer Therapiedauer (> 10 Tage) und gleichzeitiger Gabe von Furosemid oder Ethacrynsäure. Neuromuskuläre Blockade vor allem nach intrapleuraler und intraperitonealer Verabreichung hoher Dosen sowie bei Kombination mit Curare-ähnlichen Substanzen.

Kontraindikationen:

Schwangerschaft

Kommentar:

Da die Serumspiegel individuell sehr schwanken können und die therapeutische Breite der Aminoglykoside gering ist, sind wiederholte Serumspiegel-Bestimmungen unbedingt erforderlich. Die Dosierungsempfehlungen sind nur grobe Richtlinien, wobei die adäquate individuelle Dosierung anhand der gemessenen Serumspiegel überprüft werden muß. Die Spitzenspiegel sollten 10 mg/l nicht überschreiten, die Talspiegel sollten unter 2 mg/l liegen. Überwachung der Nieren-, Gehör- und Vestibularfunktion! Aminoglykosid-Lösung nicht mit Penicillinen oder Cephalosporinen mischen (Inaktivierung der Aminoglykoside!). Tombramycin zeigt in vitro eine bessere Aktivität gegen P. aeruginosa als Gentamicin oder Netilmicin. Nephrotoxizität von Tobramycin etwas geringer als von Gentamicin.

Pharmakokinetik:

Serumspiegel:	mg/l	h	Dosis
	4 – 8	1	1,5 mg/kg i.v.
Serum-HWZ (h):	norm. NF	starke NI	HD
	1,5 –2,5	48 – 72	5 – 10
Ausscheidung:	renal		
Metabolisierung:	keine		
Penetration:	gut	mäßig	schlecht
	Urin Niere Synovia	Bronchial-, Pleura-, Perikard- flüssigkeit Aszites fet. Kreislauf	Liquor Galle Prostata Sputum Knochen
Dialysierbar:	HD +, PD +		

Dosierung:	i.v./i.m.		
Erwachsene:	3 – 5 mg/kg/d in 3 Dosen		
Kinder:	3 – 7,5 mg/kg/d in 3 Dosen		
Neugeborene: <1 Wo:	4 – 5 mg/kg/d in 2 Dosen		
>1 Wo:	5 – 7,5 mg/kg/d in 3 Dosen		
Bei NI:	Cr-Clearance (ml/min)	Max. Dosis / Intervall (mg)	(h)
Initialdosis: 1 – 1,5 mg/kg	80 – 50 50 – 30 30 – 10 10 – 5 < 5	120 / 80 / 40 / 40 / 20 /	12 12 12 24 24

Dosisreduktion:

$$\frac{\text{Cr-Cl des Patienten}}{100} \times \text{norm. Tagesdosis} = \text{reduzierte Tagesdosis}$$

Verabreichung entweder als entsprechend reduzierte Einzeldosis in üblichem Dosierungsintervall oder Verlängerung des Intervalls und entsprechende Aufteilung der reduzierten Tagesdosis.

Zusatzdosis nach HD: 1 mg/kg

NF = Nierenfunktion;   NI = Niereninsuffizienz;   HWZ = Halbwertszeit;
HD = Hämodialyse;   PD = Peritonealdialyse;

Aminoglykoside
Netilmicin Certomycin®
Amikacin Biklin®

Wichtigste Indikationen:

Schwere, insbesondere nosokomiale Infektionen wie Sepsis, Endokarditis, Pneumonie, Pyelonephritis durch gramnegative Erreger, vorwiegend als Kombinationspartner der β-Laktamantibiotika.

Spektrum

+++	Enterobakterien	P. aeruginosa	
++	Staphylokokken		
+	H. influenzae	Neisserien	
0	Enterokokken	Streptokokken	P. cepacia
	Anaerobier	Pneumokokken	P. maltophilia

Nebenwirkungen:

Ototoxizität (häufig irreversibel) und Nephrotoxizität (meist reversibel) vor allem bei Überdosierung (Spitzenspiegel: Netilmicin >10 mg/l, Amikacin >35 mg/l; Talspiegel: Netilmicin > 2 mg/l, Amikacin > 10 mg/l), langer Therapiedauer (> 10 Tage) und gleichzeitiger Gabe von Furosemid oder Ethacrynsäure. Neuromuskuläre Blockade vor allem nach intrapleuraler und intraperitonealer Verabreichung hoher Dosen sowie bei Kombination mit Curare-ähnlichen Substanzen.

Kontraindikationen:

Schwangerschaft

Kommentar:

Da die Serumspiegel individuell sehr schwanken können und die therapeutische Breite der Aminoglykoside gering ist, sind wiederholte Serumspiegel-Bestimmungen unbedingt erforderlich. Die Dosierungsempfehlungen sind nur grobe Richtlinien, wobei die adäquate individuelle Dosierung anhand der gemessenen Serumspiegel überprüft werden muß. Für Netilmicin sollte der Spitzenspiegel 10 mg/l, für Amikacin 30 mg/l nicht überschreiten. Der Talspiegel sollte für Netilmicin unter 2 mg/l, für Amikacin unter 10 mg/l liegen. Überwachung der Nieren-, Gehör- und Vestibularfunktion! Aminoglykosid-Lösung nicht mit Penicillinen oder Cephalosporinen mischen (Inaktivierung der Aminoglykoside!). In einer Doppelblindstudie war Netimicin signifikant weniger ototoxisch als Tobramycin.
Amikacin gilt als Reserve-Aminoglykosid. Nur bei nachgewiesener Resistenz gegen andere Aminoglykoside anwenden (teuer!).

Pharmakokinetik:

Serumspiegel:		mg/l	h	Dosis
	Netilmicin	6 – 8	1	2 mg/kg i. v.
	Amikacin	20 – 30	1	7,5 mg/kg i. v.
Serum-HWZ (h):		norm. NF	starke NI	HD
	Netilmicin	1,8 – 2,2	33 – 42	3,7 – 5,5
	Amikacin	1,6 – 2,5	39 – 86	3,8 – 5,6
Ausscheidung:		renal		
Metabolisierung:		keine		
Penetration:		gut	mäßig	schlecht
		Urin	Bronchial-,	Liquor
		Niere	Pleura-,	Galle
		Synovia	Perikard-	Prostata
			flüssigkeit	Sputum
			Aszites	Knochen
			fet. Kreislauf	
Dialysierbar:		HD +, PD +		

Dosierung:		Netilmicin i. v./i. m.	Amikacin i. v./i. m.
Erwachsene:		4 – 7,5 mg/kg/d in 3 Dosen	15 mg/kg/d in 2 – 3 Dosen
Kinder:		6 – 7,5 mg/kg/d in 3 Dosen	15 mg/kg/d in 2 Dosen
Neugeborene:	< 1 Wo:	6 mg/kg/d in 2 Dosen	15 mg/kg/d in 2 Dosen
	> 1 Wo:	7,5 – 9 mg/kg/d in 3 Dosen	15 mg/kg/d in 3 Dosen

Bei NI:	Cr-Clearance (ml/min)	Max. Dosis (mg) / Intervall (h)	
		Netilmicin	Amikacin
Initialdosis:	80 – 50	150 / 12	250 / 12
Netilmicin 2 mg/kg	50 – 30	100 / 12	200 / 12
Amikacin 7,5 mg/kg	30 – 10	100 / 24	100 / 12
	10 – 5	50 / 24	125 / 24
	< 5	30 / 24	125 / 24

Dosisreduktion:

$$\frac{\text{Cr-Cl des Patienten}}{100} \times \text{norm. Tagesdosis} = \text{reduzierte Tagesdosis}$$

Verabreichung entweder als entsprechend reduzierte Einzeldosis in üblichem Dosierungsintervall oder Verlängerung des Intervalls bei entsprechender Aufteilung der reduzierten Tagesdosis.

| Zusatzdosis nach HD: | Netilmicin 1,5 mg/kg |
| | Amikacin 3,75 mg/kg |

NF = Nierenfunktion; NI = Niereninsuffizienz; HWZ = Halbwertszeit;
HD = Hämodialyse; PD = Peritonealdialyse;

Tetracycline

Tetracyclin Achromycin®, Hostacyclin®, Supramycin®, Steclin®
Oxytetracyclin Terramycin®, Terravenös®
Rolitetracyclin Reverin®

Wichtigste Indikationen:

Brucellose, Cholera, Tularämie, Rickettsiosen, Pest, Leptospirose, Infektionen durch Chlamydien und Mykoplasmen (z. B. Pneumonie, unspezifische Urethritis), Bronchitis. Alternativ bei Prostatitis, Gonorrhoe, Lues, Sinusitis, Aktinomykose, Ruhr, Listeriose, Erythema chronicum migrans

Spektrum

+++	Pasteurella	V. cholerae	P. pseudomallei
	Chlamydien	F. tularensis	Leptospiren
	Mykoplasmen	Rickettsien	Yersinien
	Brucellen	Gonokokken	Campylobacter
++	T. pallidum	Staphylokokken	Listerien
	H. influenzae	E. coli	Aktinomyzeten
	Streptokokken	Pneumokokken	Clostridien
+	Enterokokken	Salmonellen	Klebsiella
	Shigellen	Enterobacter	B. fragilis
0	P. aeruginosa	Proteus	Serratia
	Providencia		

Nebenwirkungen:

Gastrointestinale Beschwerden (Übelkeit, Erbrechen, Diarrhoe); Stomatitis, Glossitis, Oesophagitis; Photosensibilisierung; Einlagerung in Knochen und Zähne in der Wachstumsphase (irreversible Gelbfärbung der Zähne bei Kindern < 9 Jahre); intrakranielle Drucksteigerung; Pseudoglukosurie; negative Stickstoffbilanz und Rest-N-Anstieg; selten allergische Reaktionen; Herzrhythmusstörungen bei zu schneller i. v.-Verabreichung; bei Überdosierung hepatotoxisch.

Kontraindikationen:

Myasthenia gravis, Schwangerschaft, Stillperiode, Kinder < 9 Jahre, Niereninsuffizienz

Kommentar:

Bewährte, bakteriostatische Antibiotika mit breitem Indikationsspektrum. Wegen der relativ schlechten Resorption sollten diese Präparate nüchtern eingenommen werden. Ca-Salze (z. B. in Milchprodukten oder Antacida enthalten) beeinträchtigen die Resorption erheblich.

Pharmakokinetik:

Serumspiegel:	mg/l	h	Dosis
Tetra- u. Oxytetracyclin	1 – 3	3 – 4	250 mg p.o.
Oxy- u. Rolitetracyclin	7 – 10	1	250 mg i.v.
Serum-HWZ (h):	norm. NF	starke NI	HD
	8 – 9	50 – 108	12 – 21
Ausscheidung:	renal und biliär		
Metabolisierung:	20 – 25 %		
Penetration:	gut	mäßig	schlecht
	Pleura-, Synovialflüssigkeit Urin Galle Knochen Aszites Muttermilch fet. Kreislauf	Liquor	
Dialysierbar:	HD +, PD –		

Dosierung:	Tetracyclin p.o.	Oxytetracyclin p.o./i.v.	Rolitetracyclin i.v.
Erwachsene:	4 x 0,25 – 0,5 g	2 – 4 x 0,25 – 0,5 g	2 – 3 x 0,275 g
Kinder > 9 J:	20 – 30 mg/kg/d in 4 Dosen	20 – 30 mg/kg/d in 3 – 4 Dosen	10 mg/kg/d in 2 – 3 Dosen
Bei NI:	nicht anwenden		

NF = Nierenfunktion;   NI = Niereninsuffizienz;   HWZ = Halbwertszeit;
HD = Hämodialyse;   PD = Peritonealdialyse;

Tetracycline
Doxycyclin
Vibramycin®, Vibravenös®
Minocyclin
Klinomycin®

Wichtigste Indikationen:

Brucellose, Cholera, Tularämie, Rickettsiosen, Pest, Leptospirose, Infektionen durch Chlamydien und Mykoplasmen (z.b. Pneumonie, unspezifische Urethritis), Akne, Bronchitis, Alternativ bei Prostatitis, Gonorrhoe, Lues, Sinusitis, Aktinomykose, Ruhr, Listeriose, Erythema chronicum migrans

Spektrum

+++	Pasteurella	V. cholerae	P. pseudomallei
	Chlamydien	F. tularensis	Leptospiren
	Mykoplasmen	Rickettsien	Yersinien
	Brucellen	Gonokokken	Campylobacter
++	T. pallidum	Listerien	E. coli
	Streptokokken	Pneumokokken	Aktinomyzeten
	H. influenzae	Staphylokokken	Clostridien
+	Enterokokken	Klebsiella	Enterobacter
	Salmonellen	Shigellen	B. fragilis
0	P. aeruginosa	Proteus	Serratia
	Providencia		

Nebenwirkungen:

Gastrointestinale Beschwerden (Übelkeit, Erbrechen, Diarrhoe); Stomatitis, Glossitis, Oesophagitis; Photosensibilisierung; Einlagerung in Knochen und Zähne in der Wachstumsphase (irreversible Gelbfärbung der Zähne bei Kindern < 9 Jahre); intrakranielle Drucksteigerung; Pseudoglukosurie; negative Stickstoffbilanz und Rest-N-Anstieg; selten allergische Reaktionen; Herzrhythmusstörungen bei zu schneller i.v.-Verabreichung; bei Überdosierung hepatotoxisch. Unter Minocyclin häufig Schwindel.

Kontraindikationen:

Schwangerschaft, Stillperiode, Kinder < 9 Jahre; außerdem Doxycyclin: Myasthenia gravis; Minocyclin: Niereninsuffizienz

Kommentar:

Bewährte, bakteriostatische Antibiotika mit breitem Indikationsspektrum. Nicht für Infektionen wie Sepsis, Endokarditis, Meningitis geeignet, da bakterizide Antibiotika notwendig sind. Im Vergleich zu den anderen Tetracyclinen ist die Resorption von Doxycyclin am wenigsten von der Nahrungsaufnahme abhängig. Doxycyclin gilt als Tetracyclin der Wahl bei Patienten mit Niereninsuffizienz.

Pharmakokinetik:

Serumspiegel:	mg/l	h	Dosis
	1,8 – 2,9	2	200 mg p.o.
	3,5 – 5	1	200 mg i.v.

Serum-HWZ (h):	norm. NF	starke NI	HD
	15 – 17	19 – 25	19 – 20

Ausscheidung: renal und biliär; Doxycyclin bei NI direkt intestinal

Metabolisierung: ~ 50 %

Penetration:	gut	mäßig	schlecht
	Pleura-, Synovialflüssigkeit Urin Galle Knochen Aszites Muttermilch fet. Kreislauf	Liquor (bei Meningitis)	Liquor

Dialysierbar: HD –, PD –

Dosierung:	Doxycyclin p. o./i.v.	Minocyclin p. o./i.v.
Erwachsene:	initial 200 mg, dann 1 x 100 – 200 mg	initial 200 mg, dann 2 x 100 mg oder 1 x 200mg
Kinder > 9 J:	initial 4 mg/kg, dann 2 mg/kg/d in 1 Dosis	initial 4 mg/kg, dann 4 mg/kg/d in 1 – 2 Dosen
Bei NI:	keine Dosisreduktion für Doxycyclin; Minocyclin nicht anwenden	
Zusatzdosis nach HD:	nicht erforderlich	

NF = Nierenfunktion; NI = Niereninsuffizienz; HWZ = Halbwertszeit;
HD = Hämodialyse; PD = Peritonealdialyse;

Makrolide

Erythromycin
Erycinum®, Erythrocin®, Pädiathrocin®

Josamycin
Wilprafen®

Wichtigste Indikationen:

Legionellose, Mykoplasmen- und Chlamydien-Pneumonie, Keuchhusten, Campylobacter-Enteritis; als Alternative bei Penicillin-Allergie: bei Pneumokokken-Pneumonie, Streptokokken-Pharyngitis, Diphtherie, Erysipel, Gonorrhoe, Lues

Spektrum

+++	Streptokokken Pneumokokken Gonokokken Mycoplasma pneumoniae Treponemen	Listerien Aktinomyzeten Legionellen Bordetella pertussis Ureaplasma	C. diphtheriae Meningokokken Campylobacter Chlamydia trachomatis
++	Staphylokokken	H. influenzae	Clostridien
+	B. fragilis	Enterokokken	Fusobakterien
0	Enterobakterien Chlamydia psittaci	Pseudomonas Nocardia	Mycoplasma hominis

Nebenwirkungen:

Leichte gastrointestinale Beschwerden; selten allergische Reaktionen (Exanthem, Fieber, Eosinophilie); intrahepatische Cholestase (besonders durch Erythromycin-Estolat); Phlebitis

Kontraindikationen:

Bei Leberinsuffizienz möglichst nicht anwenden (sonst Dosisreduktion). Erythromycin-Estolat in der Schwangerschaft kontraindiziert (Cholestase).

Kommentar:

Erythromycin ist ein älteres, gut verträgliches Antibiotikum, das nach wie vor als Mittel der ersten Wahl bei den o.g. Indikationen gilt. Josamycin ist in vitro schwächer wirksam als Erythromycin, besonders gegen H. influenzae. Josamycin bietet gegenüber Erythromycin keine eindeutigen therapeutischen Vorteile.

Pharmakokinetik:

Serumspiegel:	mg/l	h	Dosis
	1 –1,5	1 – 2	0,5 g p. o.
	5	1	0,5 g i. v.

Serum-HWZ (h):	norm. NF	starke NI	HD
Erythromycin	1,2 – 2,6	4 – 5,6	4 – 5
Josamycin	0,9 – 1,5		

Ausscheidung: biliär (20 – 30 %) und renal (10 – 15 %)

Metabolisierung: 40 – 50 %

Penetration:	gut	mäßig	schlecht
	Pleura-, Synovialflüssigkeit Aszites Leber Galle Bronchialsekr. Muttermilch Urin Prostata	Liquor (bei Meningitis) fet. Kreislauf	Liquor

Dialysierbar: HD –, PD –

Dosierung:	Erythromycin/Josamycin p. o.	Erythromycin i. v./i. m.
Erwachsene:	4 x 0,25 – 0,5 g	4 x 0,25 – 1 g
Kinder:	20 – 50 mg/kg/d in 2 –4 Dosen	20 – 50 mg/kg/d in 4 Dosen
Neugeborene:		10 – 20 mg/kg/d in 2 – 3 Dosen
Bei NI:	keine Dosisreduktion	
Zusatzdosis nach HD:	nicht erforderlich	

NF = Nierenfunktion; NI = Niereninsuffizienz; HWZ = Halbwertszeit;
HD = Hämodialyse; PD = Peritonealdialyse;

Fluorochinolone
Norfloxacin Barazan®

Wichtigste Indikationen:

Infektionen der Harnwege

Spektrum

+++	Enterobakterien	Salmonellen	Campylobacter
	P. aeruginosa	Shigellen	Gonokokken
++	Staphylokokken	Streptokokken	
+	Enterokokken (außer E. faecium)		
0	Anaerobier	E. faecium	

Nebenwirkungen:

Gastrointestinale Beschwerden, zentralnervöse Störungen (Sehstörungen,Schwindel, Schlaflosigkeit,Kopfschmerzen, psychotische Reaktionen), Photosensibilisierung, allergische Reaktionen, Arthralgie, selten Leukopenie, Transaminasenanstieg

Kontraindikationen:

Überempfindlichkeit gegen Chinolone, Schwangerschaft, Stillperiode, Kinder in der Wachstumsphase, ZNS-Erkrankungen (Anfallsleiden)

Kommentar:

Norfloxacin wird sehr gut resorbiert und erreicht hohe (500 – 600 mg/l) und über einen langen Zeitraum bakterizid wirksame Konzentrationen im Urin sowie im Gewebe der Urogenitalorgane. Die klinische Wirksamkeit bei HWI ist vergleichbar mit derjenigen von Cotrimoxazol, die Nebenwirkungsrate jedoch geringer. Norfloxacin ist geeignet zur oralen Therapie von HWI durch multiresistente Keime wie Serratia, Pseudomonas u. a.

Pharmakokinetik:

Serumspiegel:	mg/l	h	Dosis
	1 – 2	2	400 mg p. o.
Serum-HWZ (h):	norm. NF	starke NI	HD
	3 – 4,5	5 – 10	

Ausscheidung: renal (30 – 50 %) und biliär (30 %)

Metabolisierung: 20 %

Penetration:	gut	mäßig	schlecht
	Urin		Liquor
	Gallenblase		
	Lunge		
	Prostata		
	Uterus		
	Muskel		
	Niere		

Dialysierbar: HD –, PD –

Dosierung: p. o.

Erwachsene: 2 x 400 mg

Bei NI: Cr-Clearance < 15 ml/min:
1 x 400 mg

Zusatzdosis nach HD: nicht erforderlich

NF = Nierenfunktion; NI = Niereninsuffizienz; HWZ = Halbwertszeit;
HD = Hämodialyse; PD = Peritonealdialyse;

Fluorochinolone

Ofloxacin Tarivid®
Enoxacin Gyramid®

Wichtigste Indikationen:

Infektionen der oberen und unteren Harnwege durch resistente Keime, die nicht durch bewährte Substanzen wie Cotrimoxazol oder Amoxicillin erfaßt werden. Darminfektionen einschließlich Typhus/Paratyphus, Sanierung von Salmonellen-Dauerausscheidern; Gonorrhoe; Infektionen des Respirationstraktes, der Knochen und Gelenke durch multiresistente gramnegative Erreger.

Spektrum

+++	Enterobakterien	Mykoplasmen	Chlamydien
	P. aeruginosa	H. influenzae	Mykobakterien
	Gonokokken	Legionellen	enteropathogene Keime
	Branhamella		
++	Staphylokokken	Streptokokken	
+	Anaerobier	Listerien	Enterokokken (außer E. faecium)
0	Ureaplasma	Nocardia	E. faecium

Nebenwirkungen:

Gastrointestinale Beschwerden; ZNS: Sehstörungen wie Doppeltsehen, Farbsehen, Schwindel, Kopfschmerzen, Schlaflosigkeit, psychotische Reaktionen wie Unruhe, Halluzinationen, Verwirrtheit, Krämpfe. Die Häufigkeit der ZNS-Nebenwirkungen wird auf etwa 1 % geschätzt. Vorsicht bei älteren Patienten (über 70), Niereninsuffizienz und vorbestehenden ZNS-Störungen. Allergische Reaktionen (Juckreiz, Exantheme, Phototoxizität u. a.). Enoxacin: Verlängerung der HWZ von Theophillin von 6 auf 15 Std.

Kontraindikationen:

Überempfindlichkeit gegen Chinolone; Schwangerschaft; Stillperiode; Kinder in der Wachstumsperiode, ZNS-Erkrankungen

Kommentar:

Bei Infektionen durch Pseudomonas und andere multiresistente gramnegative Keime sind die neuen Chinolone die einzigen oral anwendbaren Antibiotika. Durch gleichzeitige Gabe von Antacida wird die Resorption der Chinolone vermindert.
Außer bei den oben genannten Indikationen wurden die Chinolone auch erfolgreich eingesetzt zur Therapie der Legionella-Pneumonie, der Endokarditis durch gramnegative Erreger, der Prostatitis, der Mukoviszidose, der Infektionen durch atypische Mykobakterien sowie zur selektiven Darmdekontamination. Bei Pneumokokken-Pneumonie Therapieversager relativ häufig.

Pharmakokinetik:

Serumspiegel:		mg/l	h	Dosis
	Ofloxacin	2 – 3	1	0,2 g p.o.
	Enoxacin	3 – 4	1	0,4 g p.o.

Serum-HWZ (h):		norm. NF	starke NI	HD
	Ofloxacin	3 – 10	30 – 50	40
	Enoxacin	4 – 6	35 – 45	

Ausscheidung:
    Ofloxacin   renal (80 – 95%)
    Enoxacin   renal (40 – 60 %)

Metabolisierung:
    Ofloxacin   5 – 10 %

Penetration:	gut	mäßig	schlecht
	Urin	Liquor	
	Bronchialsekr.	(Ofloxacin)	
	Leber		
	Niere		
	Galle		
	Prostata		
	Muskel		
	Sputum		
	Lunge		

Dialysierbar: HD –, PD –

Dosierung:		Ofloxacin	Enoxacin
		p. o.	p. o.
Erwachsene:		2 x 200 mg	2 x 400 mg
Bei NI:	Ofloxacin:	Cr-Cl 30 – 10 ml/min:	200 mg/24 Stunden
		< 10 ml/min:	100 mg/24 Stunden
	Enoxacin:	Cr-Cl < 15 ml/min:	400 mg/24 – 72 Stunden
Zusatzdosis nach HD:		nicht erforderlich	

NF = Nierenfunktion;   NI = Niereninsuffizienz;   HWZ = Halbwertzeit;
HD = Hämodialyse;   PD = Peritonealdialyse;

Fluorochinolone
Ciprofloxacin Ciprobay®

Wichtigste Indikationen:

Ciprofloxacin oral: Infektionen der oberen und unteren Harnwege durch resistente Keime, die nicht durch bewährte Substanzen wie Cotrimoxazol oder Amoxicillin erfaßt werden. Darminfektionen einschließlich Typhus/Paratyphus, Sanierung von Salmonellen-Dauerausscheidern; Gonorrhoe; Infektionen des Respirationstraktes, der Knochen und Gelenke durch resistente gramnegative Erreger. Ciprofloxacin i.v.: schwere Infektionen durch Erreger, die gegen die anderen Breitspektrum-Antibiotika resistent sind.

Spektrum

+++	Enterobakterien	Mykoplasmen	Chlamydien
	P. aeruginosa	H. influenzae	Mykobakterien
	Gonokokken	Legionellen	enteropathogene Keime
++	Staphylokokken	Streptokokken	
+	Anaerobier	Listerien	Enterokokken (außer E. faecium)
0	Ureaplasma	Nocardia	E. faecium

Nebenwirkungen:

Gastrointestinale Beschwerden; ZNS: Sehstörungen wie Doppeltsehen, Farbsehen, Schwindel, Kopfschmerzen, Schlaflosigkeit, psychotische Reaktionen wie Unruhe, Halluzinationen, Verwirrtheit, Krämpfe. Die Häufigkeit der ZNS-Nebenwirkungen wird auf etwa 1 % geschätzt. Vorsicht bei älteren Patienten (über 70), Niereninsuffizienz und vorbestehenden Störungen des ZNS. Allergische Reaktionen (Juckreiz, Exantheme, Phototoxizität u.a.)

Kontraindikationen:

Überempfindlichkeit gegen Chinolone; Schwangerschaft; Stillperiode; Kinder in der Wachstumsperiode, ZNS-Erkrankungen

Kommentar:

Bei Infektionen durch Pseudomonas und andere multiresistente gramnegative Keime sind die neuen Chinolone die einzigen oral anwendbaren Antibiotika. Durch gleichzeitige Gabe von Antacida wird die Resorption vermindert. Ciprofloxacin i.v. sollte nur als Reserveantibiotikum eingesetzt werden, wenn der Erreger gegen andere Substanzen resistent ist. Außer bei den oben genannten Indikationen wurden die Chinolone auch erfolgreich eingesetzt zur Therapie der Legionella-Pneumonie, der Endokarditis durch gramnegative Erreger, der Prostatitis, der Mukoviszidose, der Infektionen durch atypische Mykobakterien sowie zur selektiven Darmdekontamination. Bei Pneumokokken-Pneumonie Therapieversager relativ häufig.

Pharmakokinetik:

Serumspiegel:	mg/l	h	Dosis
	1 – 2	1	0,2 g i.v
Serum-HWZ (h):	norm. NF	starke NI	HD
	3 – 4	5 – 10	5
Ausscheidung:	renal (30 – 60 %) und biliär (15 – 20 %)		
Metabolisierung:	10 – 15 %		
Penetration:	gut	mäßig	schlecht
	Urin Bronchialsekr. Leber Niere Galle Prostata Muskel Sputum Lunge	Liquor (bei Meningitis)	Liquor
Dialysierbar:	HD –, PD –		

Dosierung:	p.o.	i.v.
Erwachsene:	2 x 250 – 500 mg	2 x 100 – 200 mg
Bei NI:	Cr–Cl < 15 ml/min: halbe Tagesdosis	
Zusatzdosis nach HD:	nicht erforderlich	

NF = Nierenfunktion;   NI = Niereninsuffizienz;   HWZ = Halbwertszeit;
HD = Hämodialyse;   PD = Peritonealdialyse;

Chloramphenicol Paraxin®

Wichtigste Indikationen:

Nur als Alternativtherapeutikum, wenn der Erreger gegen andere Antibiotika resistent ist z. B. bei Meningitis, Hirnabszeß, Brucellose, Rickettiosen, Tularämie, Typhus und Paratyphus.

Spektrum

+++	Anaerobier (incl. B. fragilis) Pneumokokken	H. influenzae Meningokokken	Streptokokken Rickettsien
++	Staphylokokken Enterokokken	Salmonellen Enterobakterien	Shigellen
0	P. aeruginosa		

Nebenwirkungen:

Irreversible, dosisunabhängige aplastische Anämie (1 : 25.000–50.000); reversible, dosisabhängige Blutbildveränderungen; gastrointestinale Beschwerden; selten allergische Reaktionen und periphere oder N. opticus-Neuritis; Gray-Syndrom bei Neugeborenen bei Dosierung über 25 mg/kg/d.

Kontraindikationen:

Panzytopenie, Schwangerschaft und Stillperiode, Perinatalperiode, schwere Leberinsuffizienz, Kombination mit anderen lebertoxischen Medikamenten.

Kommentar:

Anwendung von Chloramphenicol nur bei **strenger Indikation.** Blutbildkontrollen unbedingt erforderlich. Die Rolle von Chloramphenicol bei der Therapie der Meningitis ist durch die Einführung von neueren Cephalosporinen, wie z.B. Cefotaxim oder Ceftriaxon stark eingeschränkt worden.

Pharmakokinetik:

Serumspiegel:	mg/l	h	Dosis
	11 – 13	1	1 g i. v.
	10 – 13	2	1 g p. o.

Serum-HWZ (h):	norm. NF	starke NI	HD
	1,5 – 3	3 – 5	3

Ausscheidung: vorwiegend renal

Metabolisierung: 80 – 90 %

Penetration:	gut	mäßig	schlecht
	Liquor Urin Pleura-, Synovial- flüssigkeit Aszites Kammerwasser Galle fet. Kreislauf Muttermilch		

Dialysierbar: HD +, PD –

Dosierung: i. v./p. o.

Erwachsene: 3 – 4 x 0,5 g (bis 3 x 1 g)
(Gesamtdosis maximal 25 g!)

Kinder: 50 – 100 mg/kg/d in 4 Dosen
(Gesamtdosis maximal 700 mg/kg)

Neugeborene: ≤ 2 Wo: 25 mg/kg/d
in 1 Dosis

3 – 4 Wo: 50 mg /kg/d
in 2 Dosen

Bei NI: keine Dosisreduktion

Zusatzdosis nach HD: nicht erforderlich

NF = Nierenfunktion; NI = Niereninsuffizienz; HWZ = Halbwertszeit;
HD = Hämodialyse; PD = Peritonealdialyse;

Lincosamine
Clindamycin Sobelin®

Wichtigste Indikationen:

Infektionen durch Anaerobier (intraabdominelle Abszesse, Peritonitis, septischer Abort, Becken-Abszesse, Endometritis) und Staphylokokken (Abszesse, Osteomyelitis)

Spektrum

+++	Anaerobier (incl. B. fragilis)	Staphylokokken	Streptokokken
+	Pneumokokken	Toxoplasma	
0	Enterobakterien P. aeruginosa	Enterokokken H. influenzae	Gonokokken Meningokokken

Nebenwirkungen:

Gastrointestinale Beschwerden (Übelkeit, Erbrechen, Diarrhoe, pseudomembranöse Colitis); hepatotoxisch; selten allergische Reaktionen, Thrombophlebitis, Leukopenie

Kontraindikationen:

Bei schwerer Leberinsuffizienz möglichst nicht anwenden. Vorsicht bei bestehender Diarrhoe (Abklärung einer pseudomembranösen Colitis)

Kommentar:

Gute Wirksamkeit gegen Bacteriodes fragilis. Aufgrund der Anreicherung in Leukozyten vorteilhaft bei Staphylokokken- bzw. Anaerobier-Abszessen. Bei einer Bacteroides fragilis-Endokarditis oder Sepsis ist wegen der stärkeren Bakterizidie Metronidazol zu bevorzugen. Nicht einsetzen bei ZNS-Infektionen. Bei Leberinsuffizienz Dosisreduktion (maximal 3 x 300 mg). Bei Auftreten von Diarrhoe unter Clindamycin ist die Abklärung einer pseudomembranösen Colitis indiziert und gegebenfalls das Abbrechen der Therapie erforderlich. Die Angaben über die Häufigkeit schwanken von 0,1 bis 1 %. Es ist nicht geklärt, ob eine Colitis unter Clindamycin-Therapie wesentlich häufiger auftritt als während der Behandlung mit anderen Antibiotika wie z.B. den Penicillinen oder Cephalosporinen.

Pharmakokinetik:

Serumspiegel:	mg/l	h	Dosis
	2,5 – 3	1	150 mg p. o.
	4,8 – 6	1	300 mg i. m.
	10	1	600 mg i. v.

Serum-HWZ (h):	norm. NF	starke NI	HD
	1,5 – 4,2	2,3 – 3,7	1,5 – 3

Ausscheidung: renal und biliär

Metabolisierung: 60 – 80 %

Penetration:	gut	mäßig	schlecht
	Urin	Sputum	Liquor
	Pleura-		
	flüssigkeit		
	Aszites		
	Knochen		
	Abszeß		
	fet. Kreislauf		
	Galle		
	Muttermilch		

Dialysierbar: HD –, PD –

Dosierung:	i. v./i. m.	p. o.
Erwachsene:	3 – 4 x 300 – 600 mg	3 – 4 x 150 – 300 mg
Kinder:	15 – 40 mg/kg/d in 3 – 4 Dosen	10 – 40 mg/kg/d in 4 Dosen

Neugeborene:	< 1 Wo:	15 mg/kg/d in 3 Dosen
	> 1 Wo:	20 mg/kg/d in 4 Dosen

Bei NI: Cr-Cl < 10 ml/min $^{1}/_{2}$ Dosis

Zusatzdosis nach HD: nicht erforderlich

NF = Nierenfunktion; NI = Niereninsuffizienz; HWZ = Halbwertszeit;
HD = Hämodialyse; PD = Peritonealdialyse;

Cotrimoxazol Bactrim®, Eusaprim®

Wichtigste Indikationen:

HWI, Bronchitis, Pneumocystis-Pneumonie, Prostatitis, Typhus, Paratyphus, Ruhr, Nocardiose

Spektrum

+++	Enterobakterien	H. influenzae	Pneumocystis carinii
	Salmonellen	Nocardia	Plasmodium falciparum
	V. cholerae	Yersinien	Bordetella pertussis
	Shigellen	Staphylokokken	
++	Enterokokken (außer E. faecium) Pneumokokken	Meningokokken	Streptokokken
+	Chlamydien		
0	P. aeruginosa Mykoplasmen	Bacteroides	Clostridien

Nebenwirkungen:

Allergische Reaktionen, Stevens-Johnson-Syndrom, Diarrhoe, Übelkeit, Erbrechen, selten Anaphylaxie, selten Knochenmarksdepression (reversibel), sehr selten Agranulozytose. Bei vorbestehender Niereninsuffizienz Verschlechterung der Nierenfunktion.

Kontraindikationen:

Schwangerschaft, Stillperiode, 1. Lebensmonat; schwere Niereninsuffizienz; Sulfonamidallergie, schwere Leberfunktionsstörungen, Schäden des hämatopoetischen Systems, Hb-Anomalien

Kommentar:

Bewährtes und gut verträgliches Chemotherapeutikum; bei Langzeittherapie Blutbildkontrollen! Gleichzeitige Gabe von Cotrimoxazol verstärkt die Wirkung von Antikoagulantien vom Cumarintyp. Weitere Indikationen für die parenterale Form: Infektionen durch gramnegative Erreger, die resistent gegen β-Laktam-Antibiotika sind. Alternative Kombinationspräparate mit anderen Sulfonamiden bzw. Pyrimidin-Derivaten bieten keine therapeutischen Vorteile.

Pharmakokinetik:

Serumspiegel:	mg/l	h	Dosis
Trimethoprim (TMP)	1,5 – 3	2	160 mg p.o.
Sulfamethoxazol (SMX)	50 – 60	2	800 mg p.o.

Serum-HWZ (h):		norm. NF	starke NI	HD
	TMP	9 – 12	25	9 – 10
	SMX	9 – 11	27	10 – 11

Ausscheidung:		vorwiegend renal
Metabolisierung:	TMP	10 – 15 %
	SMX	20 – 30 %

Penetration:	gut	mäßig	schlecht
	Urin		Gehirn
	Niere		Haut
	Leber		Fettgewebe
	Prostata		
	Liquor		
	Galle		
	Knochen		
	Lunge		
	Bronchialsekr.		
	Pleura-flüssigkeit		

Dialysierbar: HD +, PD +

Dosierung:		p.o. (TMP/SMX)	i.v. (TMP/SMX)
Erwachsene:		2 x 160 / 800 mg	8 – 10 / 40 – 50 mg/kg/d in 2 – 4 Dosen
		zur Langzeittherapie: 2 x 80 / 400 mg	
		zur Therapie der Pneumocystis-Pneumonie:	
		20 / 100 mg/kg/d in 4 Dosen	20/100 mg/kg/d in 4 Dosen
Kinder:	6 – 12 Jahre:	2 x 80 / 400 mg	8/40 mg/kg/d in 2 Dosen
	1/2 – 5 Jahre:	2 x 40 / 200 mg	
	6 Wo – 5 Mo:	2 x 20 / 100 mg	
Bei NI:		Cr-Cl 30 – 15 ml/min: 1x160 mg / 800 mg	
		< 15 ml/min: nicht anwenden	
Zusatzdosis nach HD:		1 x 80 mg / 400 mg	
		Nach Möglichkeit Alternativ-Präparat verwenden!	

NF = Nierenfunktion; NI = Niereninsuffizienz; HWZ = Halbwertszeit;
HD = Hämodialyse;   PD = Peritonealdialyse;

Fosfomycin Fosfocin ®

Wichtigste Indikationen:

Gezielte Therapie (Antibiogramm beachten) bei Patienten mit Allergie gegen andere Antibiotika. Alternativtherapeutikum bei Staphylokokkeninfektionen wie Osteomyelitis, Shunt-Meningitis, Abszesse.

Spektrum

+++	Staphylokokken E. coli H. influenzae	Gonokokken Proteus mirabilis	Salmonellen Shigellen
++	Streptokokken Pneumokokken	P. aeruginosa	Serratia
+	Morganella Enterokokken	Klebsiella	Enterobacter
0	Bacteroides		

Nebenwirkungen:

Gastrointestinale Symptome (Übelkeit, Erbrechen, Diarrhoe), Phlebitis, Anstieg der Transaminasen und alk. Phosphatase, Kopfschmerzen, selten allergische Reaktionen

Kontraindikationen:

Schwangerschaft

Kommentar:

Hohen Natriumgehalt beachten (14,5 mM/g Fosfomycin)! Serumelektrolyte kontrollieren. Fosfomycin ist mit keinem anderen Antibiotikum chemisch verwandt, daher keine Kreuzresistenzen und- allergien.

Pharmakokinetik:

Serumspiegel:	mg/l	h	Dosis
	90 – 100	1	3 g i.v.

Serum-HWZ (h):	norm. NF	starke NI	HD
	1,5 – 2,5	11	3,3 – 5,3

Ausscheidung: renal

Metabolisierung: keine

Penetration:	gut	mäßig	schlecht
	Wundsekret Knochen Muskel Haut Pleura- flüssigkeit fet. Kreislauf	Liquor (bei Meningitis) Bronchialsekr.	

Dialysierbar: HD +, PD ±

Dosierung: i.v.

Erwachsene: 2 – 3 x 3 – 5 g

Kinder: 100 – 400 mg/kg/d
in 2 – 3 Dosen

Neugeborene: 100 mg/kg/d
in 2 Dosen

Bei NI:

Cr-Clearance (ml/min)	Max. Dosis (g)	/	Intervall (h)
80 – 50	5	/	8
50 – 30	3	/	6
30 – 10	3	/	8
10 – 5	3	/	12
< 5	1,5	/	12 - 24

Zusatzdosis nach HD: 0,5 g

NF = Nierenfunktion; NI = Niereninsuffizienz; HWZ = Halbwertszeit;
HD = Hämodialyse; PD = Peritonealdialyse;

Fusidinsäure Fucidine®

Wichtigste Indikationen:

Alternative zu Vancomycin bei Infektionen durch Oxacillin- (Methicillin-) resistente Staphylokokken; Staphylokokken-Infektionen bei Penicillin-Allergie

Spektrum

+++	Staphylokokken	Clostridien	Gonokokken
	Bacteroides	Meningokokken	Nocardia
	C. diphtheriae	Aktinomyzeten	
+	Streptokokken	Pneumokokken	Enterokokken
0	Enterobakterien	Pseudomonas	

Nebenwirkungen:

Gastrointestinale Beschwerden (Magenschmerzen, Erbrechen, Diarrhoe, Obstipation); lokale Reizerscheinungen und Hämolysen nach i.v. Gabe (daher nur als Dauerinfusion), selten allergische Reaktionen und Leberfunktionsstörungen

Kontraindikationen:

Nicht bekannt

Kommentar:

Fusidinsäure ist chemisch mit anderen Antibiotika nicht verwandt, daher keine Kreuzresistenz und Kreuzallergie. Häufig Resistenzentwicklung während der Therapie, daher Kombination mit Penicillin G bzw. anderen Staphylokokken- wirksamen Antibiotika empfohlen.
Fusidinsäure nicht mit Aminosäure-haltigen Infusionslösungen mischen, Antibiotikum fällt aus! Keine i.m.-Verabreichung wegen lokalen Nekrosen.

Pharmakokinetik:

Serumspiegel:	mg/l	h	Dosis
	20 – 30	2	0,5 g p. o.

Serum-HWZ (h):	norm. NF	starke NI	HD
	4 – 6	6 – 8	

Ausscheidung: vorwiegend biliär

Metabolisierung: 80 – 90 %

Penetration:	gut	mäßig	schlecht
	Knochen		Liquor
	Synovial-		Kammerwasser
	flüssigkeit		Muttermilch
	Bronchialsetr.		
	Eiter		
	Galle		

Dialysierbar: HD –, PD –

Dosierung: p. o./i. v. 2 – 4 Std. Dauerinfusion

Erwachsene: 3 x 0,5 g

Kinder: 20 – 30 mg/kg/d
in 3 Dosen

Neugeborene: < 1 Wo: 20 mg/kg/d
in 4 Dosen
\> 1 Wo: 30 – 45 mg/kg/d
in 3 Dosen

Bei NI: keine Dosisreduktion

Zusatzdosis nach HD: nicht erforderlich

NF = Nierenfunktion; NI = Niereninsuffizienz; HWZ = Halbwertszeit;
HD = Hämodialyse; PD = Peritonealdialyse;

Nitroimidazole

Metronidazol   Flagyl®, Clont®

Wichtigste Indikationen:

Infektionen durch Anaerobier; Trichomoniasis, Gardnerella-Vaginitis, Amöben-Ruhr, Giardiasis. Prophylaxe in der Dickdarmchirurgie. Pseudomembranöse Colitis.

Spektrum

+++	B. fragilis und andere anaerobe Stäbchen	Gardnerella vaginalis Giardia lamblia	Campylobacter Trichomonas vaginalis Entamoeba histolytica
++	anaerobe grampositive Kokken		
+	Aktinomyzeten		
0	alle aeroben und fakultativ anaeroben Keime		

Nebenwirkungen:

Alkoholintoleranz, periphere Neuropathie, bei höherer Dosierung zentralnervöse Störungen (Schwindel, Krämpfe, Ataxie), gastrointestinale Beschwerden (Appetitlosigkeit, Geschmacksirritationen, Übelkeit), reversible Neutropenie, selten Exantheme, Verstärkung der Wirkung oraler Antikoagulantien.

Kontraindikationen:

Schwangerschaft (1. Trimenon), Stillperiode, Erkrankungen des ZNS und des hämatopoetischen Systems

Kommentar:

Ein preiswertes und parenteral zuverlässig wirkendes Chemotherapeutikum bei B. fragilis-Infektionen, insbesondere bei Sepsis, Endokarditis, Meningitis und Hirnabszeß. Metronidazol ist häufig noch wirksam gegen B. fragilis-Stämme, die Clindamycin-resistent sind. Seine karzinogene Wirkung, die bisher nur im Tierversuch nachgewiesen wurde, kann noch nicht genau eingeschätzt werden. (Dosisreduktion bei schwerer Leberinsuffizienz)

Pharmakokinetik:

Serumspiegel:	mg/l	h	Dosis
	13 – 15	1	0,5 g i. v.

Serum-HWZ (h):	norm. NF	starke NI	HD
	7 – 10	8 – 15	6,8 – 7,7

Ausscheidung: vorwiegend renal

Metabolisierung: 40 %

Penetration:	gut	mäßig	schlecht
	Liquor Hirn Leber Galle Lunge Knochen Vaginalsekret Aszites Uterus Muttermilch Fruchtwasser		

Dialysierbar: HD ±, PD –

Dosierung:
	p. o.	i. v. Infusion über 1 Std.
Erwachsene:	3 x 0,4 g	3 x 0,5 g

(andere Dosierung bei Parasiteninfektionen beachten! Siehe „Spezifische Infektionserkrankungen")

Kinder:	22, 5 mg/kg/d in 3 Dosen	22,5 mg/kg/d in 3 Dosen

Bei NI: Cr-Cl < 10 ml/min:
Dosisreduktion auf 2 x 0,5 g

Zusatzdosis nach HD: nicht erforderlich

NF = Nierenfunktion; NI = Niereninsuffizienz; HWZ = Halbwertszeit;
HD = Hämodialyse; PD = Peritonealdialyse;

Glykopeptid-Antibiotika

Vancomycin — Vancomycin®
Teicoplanin — Targocid®

Wichtigste Indikationen:

Vancomycin ist Mittel der Wahl bei allen Infektionen durch Oxacillin-(Methicillin-) resistente Staphylokokken, Enterococcus faecium und Corynebacterium JK; als Alternative bei Penicillin/Cephalosporin-Allergie zur Behandlung schwerer Staphylokokken-, Streptokokken- und Enterokokken-Infektionen wie z.B. Sepsis, Endokarditis. Oraltherapie der pseudomembranösen Colitis.
Die Indikationen für Teicoplanin sind grundsätzlich identisch, klinische Erfahrungen sind jedoch beschränkt (siehe Kommentar).

Spektrum

+++	Staphylokokken Clostridien	Streptokokken C. diphtheriae	Pneumokokken Corynebacterium JK
++	Enterokokken (incl. E. faecium)	grampositive anaerobe Kokken	
0	alle gramnegativen Bakterien (incl. B. fragilis)	Mykoplasmen	Chlamydien

Nebenwirkungen:

Ototoxisch und nephrotoxisch (bei Überdosierung und längerer Anwendung > 10 Tage); allergische Reaktionen (Exantheme, Urticaria, Fieber, Eosinophilie, Anaphylaxie); Thrombophlebitis, Neutropenie, Thrombozytopenie. Unter Teicoplanin: passagerer Anstieg der Transminasen und alk. Phosphatase.

Kontraindikationen:

Gravidität; akutes Nierenversagen; vorbestehende Schwerhörigkeit.
Für Teicoplanin außerdem Stillperiode, Kinder < 3 Jahre

Kommentar:

Vancomycin ist ein älteres Antibiotikum, dessen Verträglichkeit in den letzten Jahren durch neue Herstellungsverfahren verbessert wurde. Trotzdem sind Serumspiegelkontrollen notwendig. Die Spitzen-Konzentrationen sollten 40 mg/l nicht überschreiten, die Tal-Spiegel sollten zwischen 5-10 mg/l liegen. Erhöhte Vorsicht bei gleichzeitiger Gabe von Aminoglykosiden und anderen potentiell oto- und nephrotoxischen Substanzen.
Teicoplanin ist ein erst kürzlich zugelassenes und offensichtlich gut verträgliches Antibiotikum, über dessen Wirksamkeit bei schweren Staphylokokken-Infektionen noch Unklarheit herrscht. Entsprechende kontrollierte Studien im Vergleich mit Vancomycin stehen noch aus.

Pharmakokinetik:

Serumspiegel:	mg/l	h	Dosis
Vancomycin	25 – 35	1	1 g. i.v.
	10 – 15	1	0,5 g i.v.
Teicoplanin	5 – 7	steady state	200 mg
Serum-HWZ (h):	norm. NF	starke NI	HD
Vancomycin	4 – 8	160 – 240	
Teicoplanin	70 – 100 (terminale Phase)	100 – 160	

Ausscheidung:	vorwiegend renal		
Metabolisierung:	5 %		
Penetration:	gut	mäßig	schlecht
	Pleura-, Perikard-, Synovial- flüssigkeit Aszites Urin Galle	Liquor (Vancomycin bei Meningitis)	Liquor
Dialysierbar:	HD –, PD ±		

Dosierung:	Vancomycin i.v. Kurzinfusion	Teicoplanin i.v./i.m.
Erwachsene:	2 x 1 g oder 4 x 0,5 g	initial 1(-2) x 400 mg dann 1 x 200 – 400 mg
	Behandlung der pseudomembranösen Colitis:	
	4 x 0,125 g p.o.	2 x 200 mg p.o.
Kinder:	20 – 40 mg/kg/d in 4 Dosen	initial 2 x 10 mg/kg dann 1 x 10 mg/kg
Neugeborene: < 1 Wo:	20 mg/kg/d in 2 Dosen	
> 1 Wo:	30 mg/kg/d in 3 Dosen	
Bei NI:	Initial 1 g, nach 24 Std. reduzierte Tagesdosis (mg) : 150 + (15 x Cr-Cl) Exakte Dosierung anhand des Nomo- gramms des Beipackzettels. Bei HD: 1 g alle 7 – 14 Tage	Ab dem 4 Tag: Cr-Cl 60 – 40 ml/min halbe Tagesdosis; Cr-Cl < 40 ml/min reduz. Erhaltungsdosis: $\frac{\text{Cr-Cl d.Pat.}}{100}$ x Tagesdosis
Zusatzdosis nach HD:	nicht erforderlich	

NF = Nierenfunktion; NI = Niereninsuffizienz; HWZ = Halbwertszeit;
HD = Hämodialyse; PD = Peritonealdialyse;

Antimykotika

Amphotericin B Amphotericin B®

Wichtigste Indikationen:

Systemische Pilzerkrankungen

Spektrum

+++	Candida	Histoplasma	Cryptococcus
	Blastomyces	capsulatum	neoformans
	Aspergillus	Sporothrix	Coccidioides
	Mucor	Torulopsis	
0	alle Bakterien		

Nebenwirkungen:

Nephrotoxizität (meist reversibel nach Absetzen des Medikamentes). Hypokaliämie; während oder kurz nach der Infusion Fieber, Schüttelfrost, Erbrechen; Thrombophlebitis; selten Anämie, Leuko- und Thrombozytopenie, Herzrhythmusstörungen, Herzstillstand, Leberschädigung, Anaphylaxie.

Kontraindikationen:

Drohendes Nierenversagen, schwerer Leberschaden

Kommentar:

Das zur Zeit wirksamste Therapeutikum bei systemischen Mykosen. Zusätzliche i.v. Verabreichung von NaCl (150 – 250 mval/Tag) verringert die Häufigkeit von Nierenfunktionsstörungen unter Amphotericin B. Bei Verschlechterung der Nierenfunktion während der Therapie: Dosisreduktion oder vorübergehendes Absetzen von Amphotericin B. Zusätzliche Verabreichung von Corticosteroiden manchmal erforderlich, um die auftretenden Reaktionen während der Infusion abzuschwächen. In vitro wirkt die Kombination von Amphotericin B mit Flucytosin synergistisch, die Kombination mit Ketoconazol/Miconazol antagonistisch. Zusatz von 1000 E Heparin zur Infusionslösung verringert Thrombophlebitishäufigkeit.
Bei Kombination mit Flucytosin niedrigere Dosierung von Amphotericin B (bis 0,3 mg/kg/d) möglich!
Wenn es die klinische Situation erlaubt, wird zunächst eine Testdosis von 1 – 5 mg i.v. empfohlen zur Prüfung der Verträglichkeit.

Pharmakokinetik:

Serumspiegel:	mg/l	h	Dosis
	2 – 3	bei Infusionsende	0,7 – 1 mg/kg i.v.

Serum-HWZ (h):	norm. NF	starke NI	HD
	20 – 24 (in der Endphase 15 Tage)		

Ausscheidung: renal (tgl. ~ 5 %) und biliär

Metabolisierung: ?

Penetration:	gut	mäßig	schlecht
	Urin fet. Kreislauf Pleura-, Synovialflüssigkeit Aszites Kammerwasser		Liquor

Dialysierbar: HD –, PD –

Dosierung: i.v. 4 – 6 Std. Infusion

Erwachsene: initial 0,1 – 0,25 mg/kg
tgl. Steigerung um 0,1 – 0,25 mg/kg
bis auf 0,6 – 1 mg/kg/d als Einmaldosis
Maximale Gesamtdosis: 4 g

zur Blasenspülung: 50 mg/l H_2O

Kinder: siehe Erwachsene

Bei NI: keine Dosisreduktion

Zusatzdosis nach HD: nicht erforderlich

NF = Nierenfunktion; NI = Niereninsuffizienz; HWZ = Halbwertszeit;
HD = Hämodialyse; PD = Peritonealdialyse;

Antimykotika

Flucytosin Ancotil®

Wichtigste Indikationen:

Als Kombinationspartner von Amphotericin B bei systemischen Infektionen durch Candida spp., Cryptococcus und Aspergillus fumigatus

Spektrum

+++	Candida	Cryptococcus	Aspergillus fumigatus
	Phialophora	neoformans	Cladosporium
	Torulopsis		
+	Aspergillus spp. (außer A. fumigatus)		
0	alle Bakterien	Blastomyces	Coccidioides
	Histoplasma	Sporotrichon	Mucor

Nebenwirkungen:

Leukozytopenie, Thrombozytopenie, Anämie; Anstieg der Leberenzyme; gastrointestinale Symptome (Übelkeit, Erbrechen, Diarrhoe)

Kontraindikationen:

Schwangerschaft, Neugeborene

Kommentar:

Primäre Resistenz von Candida relativ häufig (20 – 40 %). Ebenfalls häufig Resistenzentwicklung von Candida und Cryptococcus unter Monotherapie! Daher bei schweren systemischen Infektionen nur in Kombination mit Amphotericin B anwenden. Nicht für die Prophylaxe anwenden! Die Kombination Flucytosin/Amphotericin wirkt synergistisch; deshalb kann Amphotericin niedriger dosiert werden (bis 0,3 mg/kg/d).

Pharmakokinetik:

Serumspiegel:	mg/l	h	Dosis
	30 – 50	1	2 g i. v.
	10 – 30	1	2 g p. o.

Serum-HWZ (h):	norm. NF	starke NI	HD
	3 – 4	100 – 120	2,9

Ausscheidung: vorwiegend renal

Metabolisierung: keine

Penetration:	gut	mäßig	schlecht
	Synovial- flüssigkeit Aszites Kammer- wasser Liquor Urin Leber Niere Lunge Bronchialsekr.		

Dialysierbar: HD +, PD +

Dosierung: p. o./i. v.

Erwachsene: 150 mg/kg/d
in 4 Dosen

Kinder: wie Erwachsene

Bei NI:	Cr-Clearance (ml/min)	Max. Dosis (mg/kg)	/	Intervall (h)
	80 – 50	38	/	6
	50 – 30	„	/	12
	30 – 10	„	/	24
	< 10	„	/	2 – 6 Tage

Zusatzdosis nach HD: 38 mg/kg

NF = Nierenfunktion; NI = Niereninsuffizienz; HWZ = Halbwertszeit;
HD = Hämodialyse; PD = Peritonealdialyse;

Antimykotika

Ketoconazol Nizoral®

Wichtigste Indikationen:

Tiefe Hautmykosen, chronische mukokutane Candidiasis, Coccidioidomykose, rezidivierende Candida-Vaginitis, Candida-Ösophagitis, Prophylaxe von Pilzinfektionen bei neutropenischen Patienten

Spektrum

+++	Candida Blastomyces	Histoplasma capsulatum	Coccidioides immitis Dermatophyten
++	Nocardia	grampositive Bakterien	Aspergillus
0	gramnegative Bakterien	Mucor Sporothrix schenckii	Cryptococcus neoformans

Nebenwirkungen:

Gastrointestinale Beschwerden (Übelkeit, Erbrechen, Bauchschmerzen); allergische Reaktionen (Exanthem, Juckreiz, Anaphylaxie), Fieber, Thrombozytopenie, hepatotoxisch, verminderte Testosteron-Synthese (Impotenz, Gynäkomastie)

Kontraindikationen:

Schwangerschaft, Stillperiode

Kommentar:

Bei systemischen Mykosen relativ hohe Versagerquote! Deshalb nicht zu empfehlen bei systemischer Candidiasis oder Aspergillose. Nicht mit Amphotericin B kombinieren (Antagonismus). Ketoconazol wird im Gegensatz zu Miconazol nach oraler Gabe resorbiert. Bei Erhöhung des Magensaft-pH (z. B. durch Antazida, H_2-Blocker) Resorption vermindert.

Pharmakokinetik:

Serumspiegel:	mg/l	h	Dosis
	3	1 – 2	0,2 g p. o.
Serum-HWZ (h):	norm. NF	starke NI	HD
	2 / 9 (zweiphasig)	1,8	

Ausscheidung: renal und biliär

Metabolisierung: stark

Penetration:	gut	mäßig	schlecht
	Synovial-flüssigkeit	Muttermilch Urin	Galle Liquor Knochen Speichel

Dialysierbar: HD –, PD –

Dosierung: p. o.

Erwachsene: 1 x 200 – 600 mg

Kinder > 2 Jahre: 2,5 – 5 mg/kg/d in 1 Dosis

Bei NI: keine Dosisreduktion

Zusatzdosis nach HD: nicht erforderlich

NF = Nierenfunktion; NI = Niereninsuffizienz; HWZ = Halbwertszeit;
HD = Hämodialyse; PD = Peritonealdialyse;

Antimykotika
Miconazol   Daktar®

Wichtigste Indikationen:

Tiefe Hautmykosen; systemische Mykosen (Candidiasis, Aspergillose, Cryptococcus, Blastomykose, Coccidioidomykose) nur bei Amphotericin B-Unverträglichkeit

Spektrum

+++	Candida	Aspergillus	Dermatophyten
	Histoplasma	Coccidioides	Cryptococcus
++	Nocardia	grampositive Bakterien	
0	gramnegative Bakterien		

Nebenwirkungen:

Gastrointestinale Symptome; allergische Reaktionen; Phlebitis, Thrombozytopenie, Hyperlipämie, Tachyarrhythmie bei zu schneller i.v.-Verabreichung

Kontraindikationen:
Bisher nicht bekannt. Während der Schwangerschaft mit Vorsicht anzuwenden

Kommentar:

Therapieversager bei systemischen Mykosen relativ häufig! Im Vergleich zu Amphotericin B weniger wirksam. Nicht mit Amphotericin B kombinieren (Antagonismus möglich). Zahlreiche Zubereitungsformen von Miconazol zur lokalen Therapie stehen zur Verfügung.

Pharmakokinetik:

Serumspiegel:	mg/l	h	Dosis
	5 – 7	1	0,8 g i.v.

Serum-HWZ (h):	norm. NF	starke NI	HD
	1/20 – 24 (zweiphasig)	20 – 24	20 – 24

Ausscheidung: renal und biliär

Metabolisierung: hoch

Penetration:	gut	mäßig	schlecht
		Liquor (bei Meningitis)	Liquor Kammerwasser

Dialysierbar: HD –, PD –

Dosierung: i.v.

Erwachsene: 1 – 3 x 0,6 g
oder
2 x 0,8 g

Kinder: 15 – 20 mg/kg/d
in 3 Dosen

Bei NI: keine Dosisreduktion

Zusatzdosis nach HD: nicht erforderlich

NF = Nierenfunktion; NI = Niereninsuffizienz; HWZ = Halbwertszeit;
HD = Hämodialyse; PD = Peritonealdialyse;

Tuberkulostatika

Isoniazid (INH) Neoteben®

Spektrum

M. tuberculosis, M. kansasii

Pharmakokinetik:

Serum-HWZ 0,6 – 1,9 h (Schnellinaktivierer)
 2,2 – 7,6 h (Langsaminaktivierer)
Gute Gewebe- und Liquorgängigkeit
Ausscheidung vorwiegend renal
Metabolisierung hoch
Dialysierbar: HD +, PD +

Nebenwirkungen:

ZNS-Störungen (Schwindel, Psychosen, Krämpfe), periphere Neuropathie; gastrointestinale Beschwerden; Transaminasenanstieg, Hepatitis (1 %); allergische Reaktionen (Exantheme, Fieber); Leuko- und Thrombozytopenie, Anämie

Kontraindikationen:

Akute Hepatitis, Psychosen, Epilepsie; Vorsicht bei Alkoholikern und schwerer NI

Dosierung: p.o./i.v.

Erwachsene:	5 (– 10) mg/kg/d in einer Dosis	(Durchschnitt 300 mg/d, max. 600 mg/d)
Kinder:	10 – 20 mg/kg/d in 1 – 3 Dosen	(max. 300 mg/d)
Bei NI:	keine Dosisreduktion bei Langsaminaktivierern max. 200 mg/d	
Zusatzdosis nach HD:	5 mg/kg	

Kommentar:

INH wirkt bakterizid. Es gehört zu den Tb-Therapeutika der ersten Wahl. Primärresistenz selten. Schnelle Resistenzentwicklung unter der Therapie, deshalb immer Kombinationstherapie. Regelmäßige Kontrollen der Leberfunktion, des Blutbildes und des neurologischen Status erforderlich. Bei ersten Symptomen einer Hepatitis INH absetzen. Neuritis-Prophylaxe empfohlen (Pyridoxin 15 – 50 mg).

Tuberkulostatika
Ethambutol Myambutol®

Spektrum

M. tuberculosis, M. kansasii, M. avium-intracellulare

Pharmakokinetik:

Serum-HWZ 4 – 6 h
Gute Gewebe– und Liquorgängigkeit
Ausscheidung vorwiegend renal (70 – 80 %)
Metabolisierung 8 – 15 %
Dialysierbar: HD +, PD +

Nebenwirkungen:

Dosis abhängige (>25 mg/kg/d), reversible retrobulbäre Neuritis; selten allergische Reaktionen, periphere Neuropathie, ZNS-Störungen, Hyperuricämie, gastrointestinale Beschwerden

Kontraindikationen:

Vorschädigung des N. opticus

Dosierung:	p.o./i.v./i.m.	
Erwachsene:	25 mg/kg/d in einer Dosis; nach 2 Monaten 15 mg/kg/d in einer Dosis	
Kinder:	15 – 25 mg/kg/d in einer Dosis	(max. 2,5 g/d)
Bei NI:	Cr-Cl 50 – 10 ml/min:	15 mg/kg/36 Std.
	< 10 ml/min:	15 mg/kg/48 Std.
Zusatzdosis nach HD:	10 mg/kg	

Kommentar:

Ethambutol wirkt bakteriostatisch auf proliferierende Keime. Primärresistenz ca. 4 %. Langsame Resistenzentwicklung während der Therapie (Kombinationstherapie!). Ophthalmologische Kontrolle (Farbsehen, Gesichtsfeld) alle 4 Wochen während der Therapie durchführen.

NI = Niereninsuffizienz; HWZ = Halbwertszeit;
HD = Hämodialyse; PD = Peritonealdialyse;

Tuberkulostatika

Rifampicin   Rifa®, Rimactan®, Rifoldin®

Spektrum

+++ M. tuberculosis, grampositive Kokken, Legionellen, Chlamydien, M. leprae, Meningokokken, Gonokokken, H. influenzae

++ M. kansasii, M. marium

0 M. avium-intracellulare, M. fortuitum

Pharmakokinetik:

Serum-HWZ 1,5 – 5 h
Gute Gewebegängigkeit, intrazelluläre Penetration, gute Liquorgängigkeit bei Meningitis
Ausscheidung renal 30 %, billär 40 %
Metabolisierung hoch
Dialysierbar: HD –, PD –

Nebenwirkungen:

Transaminasenanstieg, Ikterus; selten allergische Reaktionen (Exantheme, Fieber); Eosinophilie, Neutro-, Thrombozytopenie; gastrointestinale Beschwerden; ZNS-Störungen; sehr selten Nierenversagen. Rot-Färbung von Speichel, Urin, Tränenflüssigkeit, Schweiß, Stuhl

Kontraindikationen:

Schwerer Leberschaden, Ikterus, Schwangerschaft

Dosierung:	p.o. / i.v.
Erwachsene:	10 mg/kg/d (Durchschnitt 600 mg/d) in einer Dosis
Kinder:	10 – 20 mg/kg/d (max. 600 mg/d) in einer Dosis
Bei NI:	keine Dosisreduktion
Zusatzdosis nach HD:	nicht erforderlich

Kommentar:

Bakterizides Tb-Therapeutikum der ersten Wahl. Primäre Resistenz selten. Langsame Resistenzentwicklung der Tuberkelbakterien während der Therapie, dagegen schnelle Resistenzentwicklung anderer Keime wie z.B. Staphylokokken. Während der Therapie Leberfunktion und Blutbild kontrollieren. Kombination mit anderen potentiell hepatotoxischen Medikamenten möglichst vermeiden. Meningitis-Prophylaxe siehe „Organinfektionen".

Tuberkulostatika

Streptomycin Streptothenat®

Spektrum

++ M. tuberculosis, Brucellen, Yersinia pestis, Francisella tularensis

+ Staphylokokken, Enterokokken, Streptokokken, P. aeruginosa, Enterobakterien

0 atypische Mykobakterien

Pharmakokinetik:
Serum-HWZ 2 – 3 h
Gute Gewebegängigkeit mit Ausnahme von Knochen, nicht Liquor-gängig
Ausscheidung renal 50 – 60 %, biliär 2 %
Metabolisierung 10 – 40 %
Dialysierbar: HD +, PD +

Nebenwirkungen:

Ototoxizität (häufiger bei Tagesdosis > 1 g und Behandlungsdauer > 60 Tage); Nephrotoxizität; allergische Reaktionen (Exanthem, Fieber); Parästhesien, Schwindel, Sehstörungen; sehr selten Neutropenie, Thrombozytopenie, Anämie, Hepatotoxizität

Kontraindikationen:
Schwangerschaft, schwere NI

Dosierung:	i. m.	
Erwachsene:	15 mg/kg/d (bis zu 1 g/d) in einer Dosis für die ersten 2 – 8 Wochen, dann 20 mg/kg zweimal wöchentlich	
Kinder:	20 – 40 mg/kg/d in 2 Dosen	
Säuglinge:	10 mg/kg/d in 2 – 3 Dosen	
Bei NI:	Cr-Cl (ml/min)	Intervall (h)
	60	48
	40	72
	30	96
Zusatzdosis nach HD:	5 mg/kg	

Kommentar:
Streptomycin wirkt bakterizid. Rasche Resistenzentwicklung während der Therapie. Regelmäßige Gehörprüfung erforderlich. Bei älteren Patienten (> 55 Jahre) möglichst nicht anwenden. Nicht mit anderen oto- und nephrotoxischen Substanzen kombinieren.

NI = Niereninsuffizienz; HWZ = Halbwertszeit;
HD = Hämodialyse; PD = Peritonealdialyse;

Tuberkulostatika
Prothionamid   Peteha®, Ektebin®

Spektrum
M. tuberculosis und M. kansasii

Pharmakokinetik:
Serum-HWZ 3 h
Sehr gute Gewebe- und Liquorgängigkeit
Ausscheidung renal
Metabolisierung > 95 %

Nebenwirkungen:
Gastrointestinale Beschwerden; Neurotoxizität (Kopfschmerzen, Schwindel, periphere Neuropathie); psychische Störungen; Photodermatosen; Leberschädigung; Neutropenie; Menstruationsstörungen; Hypothyreose

Kontraindikationen:
Schwangerschaft 1. Trimenon, schwerer Leberschaden

Dosierung: p. o.

Erwachsene: 3 – 4 x 250 mg
Kinder: 15 – 20 mg/kg/d
                    in 3 – 4 Dosen

Kommentar:
Gut wirksames Tuberkulostatikum der Reserve mit hoher Nebenwirkungsrate. Vorsicht bei Epilepsie und Psychosen! Kein gleichzeitiger Alkoholgenuß. Kontrolle der Serumtransaminasen. Potenzierung der Nebenwirkungen bei Kombination mit INH und Cycloserin.

Tuberkulostatika
Para-Aminosalicylsäure PAS®

Spektrum
M. tuberculosis

Pharmakokinetik:
Serum-HWZ 1 – 3 h
Mäßige Gewebegängigkeit
Ausscheidung vorwiegend renal
Metabolisierung 65 – 85 %

Nebenwirkungen:
Gastrointestinale Beschwerden; allergische Reaktionen; selten Hepatotoxizität, Hypothyreose, Blutbildveränderungen

Kontraindikationen:
Gastritis, Ulcus ventriculi oder duodeni, schwerer Leberschaden, schwere NI

Dosierung: p.o.
Erwachsene: 200 mg/kg/d
in 2 Dosen

Kommentar:
Schwach wirksames Tuberkulostatikum der Reserve. Als Kombinationspartner heute durch besser wirksame Substanzen ersetzt.

NI = Niereninsuffizienz; HWZ = Halbwertszeit;
HD = Hämodialyse; PD = Peritonealdialyse;

Tuberkulostatika
Pyrazinamid

Pyrazinamid®, Pyrafat®

Spektrum

M. tuberculosis

Pharmakokinetik:

Serum%HWZ 4 – 10 h
Gute Gewebe- und Liquorgängigkeit
Ausscheidung renal
Metabolisierung > 70 %

Nebenwirkungen:

Hepatotoxizität; gastrointestinale Beschwerden; Hyperuricämie mit Gichtanfällen; Photosensibilisierung

---

Kontraindikationen:

Schwerer Leberschaden, Gicht

Dosierung: p. o.
Erwachsene: 25 mg/kg/d (max. 2,5 g/d)
                     in einer Dosis

Kinder: 15 – 30 mg/kg/d
                     in einer Dosis

Bei NI: Dosisreduktion

Kommentar:

Pyrazinamid wirkt bakerizid. Gut wirksam bei saurem pH, intrazellulär wirksam. In Kombination mit z. B. Rifampicin gut geeignet für Kurzzeittherapie. Kontrolle der Serumtransaminasen.

NI = Niereninsuffizienz; HWZ = Halbwertszeit;
HD = Hämodialyse;   PD = Peritonealdialyse;

Tuberkulostatika

Capreomycin Ogostal®

Spektrum

M. tuberculosis und atypische Mykobakterien

Pharmakokinetik:

Serum-HWZ 3 - 7 h
Ausscheidung renal
Keine Metabolisierung

Nebenwirkungen:

Oto- und Nephrotoxizität; allergische Reaktionen (Eosinophilie, Exantheme, Fieber)

Kontraindikationen:

Schwangerschaft, bestehender Innenohrschaden

Dosierung: i.m.

Erwachsene: 1 x 1 g/d für 1 - 2 Monate, dann
1 g 2 - 3 x wöchentlich

Kinder: 15 - 30 mg/kg/d
in einer Dosis

Bei NI:

Cr-Cl (ml/min)	Intervall (Tage)
60	2
40	3
30	4
20	6

Kommentar:

Tuberkulostatikum der Reserve bei Streptomycin-Resistenz. Regelmäßige Gehör- und Nierenfunktionsprüfung. Keine Kombination mit anderen oto- und nephrotoxischen Substanzen.

NI = Niereninsuffizienz;   HWZ = Halbwertszeit;
HD = Hämodialyse;   PD = Peritonealdialyse;

Tuberkulostatika

Cycloserin D-Cycloserin®

Spektrum

+++ M. tuberculosis und atypische Mykobakterien
++   grampositive und gramnegative Bakterien, Rickettsien

Pharmakokinetik:

Serum-HWZ 10 – 12 h
Sehr gute Gewebe- und Liquorgängigkeit
Ausscheidung renal
Metabolisierung 30 – 35 %

Nebenwirkungen:

Reversible neurotoxische Reaktionen (Euphorie, Schlaflosigkeit, Depressionen, Parästhesien, Desorientiertheit, Psychosen, Krampfanfälle); seltener gastrointestinale Beschwerden, allergische Reaktionen, Herxheimer Reaktion

Kontraindikationen:
Epilepsie, Psychosen, schwere NI

Dosierung: p.o.

Erwachsene: 0,75 – 1 g/d   (einschleichende Dosierung:
                 in 2 – 4 Dosen   initial 0,25 g, dann alle
                                       2 Tage um 0,25 g steigern
                                       bis zur Volldosis)

Kinder: 10 – 20 mg/kg/d   (max. 1 g/d)
                 in 2 – 4 Dosen

Kommentar:

Cycloserin wirkt bakteriostatisch auf intra- und extrazelluläre Bakterien. Anwendung speziellen Fällen vorbehalten, z.B. zur Therapie von Infektionen durch atypische Mykobakterien

NI = Niereninsuffizienz;   HWZ = Halbwertszeit;
HD = Hämodialyse;   PD = Peritonealdialyse;

Virustatika

Aciclovir   Zovirax®

Indikation:

Mittel der Wahl für Herpes simplex- und Varicella–Zoster-Infektionen bei immungeschwächten Patienten; Herpes genitalis

---

Pharmakokinetik:

Serumspitzenspiegel nach Infusion 34 – 52 µmol/l
Serum-HWZ 2,5 – 3,0 h
Ausscheidung renal
Metabolisierung 9 – 14 %
Gute Gewebe- und Liquorgängigkeit
Dialysierbar: HD +

Nebenwirkungen:

Reversibler Harnstoff- und Kreatininanstieg, Phlebitis, Übelkeit, Erbrechen, Kopfschmerzen, selten Hautausschläge, sehr selten ZNS-Störungen (Verwirrtheit, Tremor)

Kontraindikationen:

Schwangerschaft und Stillperiode

Dosierung:	i.v. (1-Std.-Infusion)		p.o.
Erwachsene und Kinder > 12 J:	15 – 30 mg/kg/d in 3 Dosen		5 x 200 mg
Kinder 3 Mo-12 J:	750 – 1500 mg / m² / d in 3 Dosen		
Neugeborene und Säuglinge < 3 Mo:	15 – 30 mg/kg/d in 3 Dosen		
Bei NI:	Cr-Cl (ml/min)	Dosis/kg/d	
	50 – 25	10 – 20 mg in 2 Dosen	
	25 – 10	5 – 10 mg in einer Dosis	
	< 10	2,5 – 5 mg in einer Dosis	
Zur Prophylaxe:			4 x 200 – 400 mg

Kommentar:

Aciclovir besitzt eine sehr gute Aktivität gegen Herpes simplex. Die Wirksamkeit gegen Varicella-Zoster ist jedoch schwächer. Gegen EBV und CMV zeigt Aciclovir nur eine geringe Aktivität. Das Präparat ist gut verträglich. Bei oraler Verabreichung Bioverfügbarkeit nur 10 – 30 %.

NI = Niereninsuffizienz;   HWZ = Halbwertszeit;
HD = Hämodialyse;   PD = Peritonealdialyse;

Virustatika
Amantadin Symmetrel®

Indikation:

Prophylaxe von Influenza A-Virusinfektionen

Pharmakokinetik:

Serumspiegel 0,5 mg/l
Serum-HWZ 12 – 18 h
Ausscheidung renal (95 %)
Keine Metabolisierung
Gute Gewebegängigkeit

Nebenwirkungen:

Unruhe, Verwirrtheit, Schlaflosigkeit, Depression, Tremor, Schwindel, Kopfschmerzen, gastrointestinale Beschwerden, Seh- und Sprachstörungen, periphere Ödeme bei Herzinsuffizienten

Kontraindikationen:

Anfallsleiden, psychische Störungen, schwere Leber- und Niereninsuffizienz, Schwangerschaft.

Dosierung: p.o.
Erwachsene: 2 x 100 mg/d
Kinder 5 – 9 Jahre: 1 x 100 mg/d
Bei NI: Dosisreduktion

Kommentar:

Amantadin eignet sich am besten zur Prophylaxe von Influenza A-Infektionen und zwar als Alternative oder zusätzlich zur Impfung. Die therapeutische Gabe ist nur von Nutzen, wenn Amantadin frühzeitig zu Beginn der Erkrankung verabreicht wird. Dadurch wird die Dauer und Schwere der Symptomatik positiv beeinflußt.

Virustatika

Vidarabin Vidarabinphosphat 500 Thilo®

Indikation:
Generalisierte Infektionen durch Herpes simplex, Varicella-Zoster- und Vaccinia-Virus

Pharmakokinetik:
Serum-HWZ 3 – 5 h
Ausscheidung renal (50 %)
Metabolisierung hoch
Gute Gewebe- und Liquorgängigkeit

Nebenwirkungen:

Nausea, Erbrechen, Anorexie, Diarrhoe, selten ZNS-Störungen wie Tremor, Verwirrtheit, Ataxie, Psychosen. Leber- und Nephrotoxizität sowie Knochenmarkssuppression bei zu hoher Dosierung

Kontraindikationen:
Schwangerschaft, Polyneuritis

Dosierung:	i. v.
Erwachsene:	Initial 15 – 20 mg/kg als Kurzinfusion, dann 6 – 8 mg/kg alle 12 Stunden als Kurz- oder Dauerinfusion.
Bei NI:	Dosisreduktion

Kommentar:

Während der Therapie Blutbild und Leberfunktion kontrollieren. Im Vergleich zu Aciclovir schwächer wirksam gegen Herpes simplex.

NI = Niereninsuffizienz; HWZ = Halbwertszeit;
HD = Hämodialyse; PD = Peritonealdialyse;

Virustatika

Zidovudin (Azidothymidin) Retrovir®

Indikation:

Acquired Immune Deficiency Syndrome (AIDS) und AIDS Related Complex (ARC)

Pharmakokinetik:

Serumspitzenspiegel 1,5 – 5 µmol/l
Serum-HWZ 1 h
Ausscheidung vorwiegend renal
50 – 80 % Glukuronisierung in der Leber
Gute Penetration ins Interstitium und in den Liquor
Dialysierbar: HD +

Nebenwirkungen:

Anämie, Leukopenie, Übelkeit, Kopfschmerzen, Bauchschmerzen, Erbrechen, Appetitlosigkeit, Hautausschlag, Fieber, Myalgien, Parästhesien

Kontraindikationen:

Überempfindlichkeit gegen Zidovudin, Neutropenie ($< 750/\,mm^3$), Hb < 7,5 g/dl, Schwangerschaft, Stillzeit, Leber- und Niereninsuffizienz sind relative Kontraindikationen (keine entsprechenden Daten)

Dosierung:	p. o.	i.v.
Erwachsene:	6 x 200 – 300 mg	6 x 2,5 mg/kg
Kinder:	4 x 120 mg/m^2	4 x 100 mg/m^2

Kommentar:

Zidovudin hemmt die reverse Transkriptase von Retroviren und ist die erste Substanz zur Therapie der HIV-Infektion. Es konnte gezeigt werden, daß die Häufigkeit der opportunistischen Infektionen und die Letalität bei AIDS- und ARC-Patienten gesenkt wird. Regelmäßige Blutbildkontrollen notwendig.

NI = Niereninsuffizienz;   HWZ = Halbwertszeit;
HD = Hämodialyse;   PD = Peritonealdialyse;

Chemotherapeutika in der klinischen Prüfung
(Stand April 1989)

Substanz	Vorläufige Charakterisierung
Cefpiramid (SM-1652, WY-44635, Sumitomo und Yamanouchi, Japan)	Parenterales Cephalosporin Spektrum und Aktivität ähnlich wie Cefoperazon, besser wirksam gegen Enterokokken. HWZ 4,5 h
Cefpirom (HR 810, Hoechst, BRD)	Parenterales Cephalosporin Spektrum und Aktivität ähnlich wie Cefotaxim, jedoch besser wirksam gegen P. aeruginosa und S. aureus. HWZ 2,5 h
Cefepim (BMY 28142, Bristol-Myers, USA)	Parenterales Cephalosporin Spektrum und Aktivität ähnlich wie Cefotaxim, jedoch besser gegen P. aeruginosa und S. aureus. HWZ 1,6 h
Cefodizim (HR 221, Hoechst, BRD)	Parenterales Aminothiazol-Cephalosporin Aktivität und Spektrum etwa wie Cefotaxim. Die Substanz wird nicht metabolisiert. HWZ 2,3 h
Cefixim (FR 17027, FR-027, Fujisawa, Japan; Merck, BRD)	Orales Cephalosporin Spektrum und Aktivität ähnlich wie parenterale Cephalosporine II. Erreichbare Serumspiegel sind allerdings niedrig. HWZ 2,3 – 2,5 h
Loracarbef (LY 163892, Eli Lilly, USA)	Orales Cephalosporin Aktivität und Spektrum wie Cefaclor. Etwas längere HWZ (1,1 h) und bessere Stabilität.
Cefetamet-Pivoxil (RO 15-8075, Hoffmann-La Roche, Schweiz)	Orales Cephalosporin (Ester) Im Vergleich zu Cefaclor höhere Aktivität gegen Enterobakterien und H. influenzae. KeineWirksamkeit gegen Staphylokokken. HWZ 2,3 h
Ceftibuten (7432-S; SCH 39720 Shionogi, Japan)	Orales Cephalosporin Sehr gute Aktivität gegen Enterobakterien und H. influenzae, schwach wirksam gegen P. aezuginosa und Staphylokokken. HWZ 1,5 – 1,8 h
BMY-28 100 (Bristol-Myers, USA)	Orales Cephalosporin Ähnlich wie Cefadroxil, jedoch wirksamer gegen Streptokokken, Staphylokokken und H. influenzae. Schwache Aktivität gegen Enterobakterien. HWZ 1,2 h

FCE-22101 / FCE-22891 (Farmitalia, Italien)	Orales und parenterales Penem (Ester) Spektrum und Aktivität ähnlich wie Imipenem, jedoch nicht wirksam gegen P. aeruginosa. Kurze HWZ (~ 0,5 h)
Tazobactam + Piperacillin (YTR-830 H, CL 298741, Taiho, Japan; Cyanamid-Lederele, BRD)	β-Laktamase-Hemmer Stärker wirksam als Clavulansäure und Sulbactam. Als Festkombination mit Piperacillin (0,25 g Tazobactam/2 g Piperacillin)
Roxithromycin (RU 28965, Höchst-Roussel, BRD)	Makrolid-Antibiotikum Spektrum ähnlich wie Erythromycin, jedoch besser wirksam gegen Legionella und Chlamydien. Schnellere Resorption und erheblich längere HWZ (~ 14 h)
Azithromycin (CP-62 9931, Pfizer, USA)	Makrolid-Antibiotikum Spektrum ähnlich wie Erythromycin, jedoch auch wirksam gegen einige gramnegative Darmbakterien; erheblich längere HWZ (11 – 14 h)
Pefloxacin (Rôhne-Poulenc, Frankreich)	Fluorochinolon Aktivität und Spektrum wie Nornloxacin/Ofloxacin. Keine Vorteile gegenüber den bereits zugelassenen Fluorochinolonen. HWZ (11h)
Fleroxacin (AM-833, RO 23-6240, Kyorin, Japan; Hoffmann-La Roche, Schweiz)	Fluorochinolon Aktivität und Spektrum wie Ofloxacin, jedoch längere HWZ (~ 9 h)
Lomefloxacin (NY 198, SC-47111, Hokukiku Seiyaku, Japan; Searle, USA)	Fluorochinolon Aktivität ähnlich wie Norfloxacin/Ofloxacin, lange HWZ(~ 6,5 h)
Daptomycin (LY 146032, Eli Lilly, USA)	Glykopeptid-Antibiotikum Spektrum und Aktivität ähnlich wie Vancomycin, jedoch besser wirksam gegen Enterokokken; längere HWZ (6,5 – 8 h)
Fluconazol (UK-49 8858 Pfizer, USA)	Orales und parenterales Triazol-Derivat stärkere Aktivität und längere HWZ (22 – 30 h) als Ketoconazol; gute klinische Ergebnisse bei Candida-Infektionen (mukocutan und systemisch) und Cryptococcus-Meningitis. Schwach wirksam gegen Aspergillus und C. glabrata.
Itraconazol (Janssen, Belgien)	Orales Triazol-Derivat Breites Spektrum inklusive Aspergillus und Cryptococcus. HWZ (18 h)
Ganciclovir (Syntex, BRD)	Virustatikum Spektrum ähnlich wie Aciclovir, jedoch besser wirksam gegen CMV und EBV. HWZ (~ 3 h)

Initialtherapie bei verschiedenen Organinfektionen

Organinfektion	Häufigste Erreger	Empirische Therapie2 1. Wahl
Arthritis		
Säuglinge	S. aureus, B-Streptokokken, Enterobakterien, (E. coli am häufigsten)	Flucloxacillin + Aminoglykosid
Kinder (< 5 Jahre)	H. influenzae, S. aureus, Streptokokken	Ampicillin
Kinder (> 5 Jahre) und Erwachsene	S. aureus, Streptokokken, Pneumokokken, Gonokokken	Flucloxacillin
postoperativ oder nach Gelenkspunktion	S. aureus, S. epidermidis, Enterobakterien, Streptokokken	Flucloxacillin + Aminoglykosid
Bronchitis		
akut	Meist Viren (90 %), Mykoplasmen	Keine Antibiotikatherapie
chronisch	H. influenzae, Pneumokokken, Branhamella catarrhalis	Amoxicillin (+ Clavulansäure)
Cholangitis/Cholezystitis		
	Enterobakterien (am häufigsten E. coli), Enterokokken, Bacteroides, Clostridien	Ureidopenicilline

Empirische Therapie: Alternative	Bemerkungen
Cephalosporine II	Wiederholte Gelenkspunktionen zur Sekretentleerung erforderlich! Intraartikuläre Antibiotikainstillationen nicht empfehlenswert.
Cefotiam	Grampräparat für Initialtherapie hilfreich! Bei gramnegativen Stäbchen im Grampräparat: Ureidopenicilline oder Cephalosporine II eventuell kombiniert mit einem Aminoglykosid.
Cephalosporine II	Bei Verdacht auf Lyme-Arthritis Serologie durchführen!
Cephalosporine II (+ Aminoglykosid)	
	Bei Nachweis von Mykoplasmen Erythromycin oder Doxycyclin
Cotrimoxazol oder Cefuroximaxetil/Cefaclor oder Doxycyclin	Therapie nur bei akuten Exazerbationen
Ampicillin/Amoxicillin + ß-Laktamase-Hemmer oder Cephalosporine III	Bei Cholangitis operative Beseitigung des Abflußhindernisses erforderlich.

Einteilung der Penicilline und Cephalosporine siehe S. 18

Organinfektion	Häufigste Erreger	Empirische Therapie: 1. Wahl
Endokarditis		
akut	S. aureus	Flucloxacillin + Aminoglykosid
subakut	Streptococcus viridans, andere Streptokokken, Enterokokken	Penicillin G + Aminoglykosid
nach Herzklappenersatz		
< 2 Monate postoperativ	S. epidermidis, S. aureus, Enterobakterien, Pilze	Vancomycin + Aminoglykosid
> 2 Monate postoperativ	Streptokokken, Enterokokken, S. epidermidis, S. aureus, Enterobakterien	Vancomycin + Aminoglykosid
Heroinsüchtige	S. aureus, Streptokokken, Enterokokken, Enterobakterien, P. aeruginosa, Candida	Flucloxacillin + Aminoglykosid
ohne Erregernachweis		Penicillin G + Aminoglykosid

Empirische Therapie: Alternative	Bemerkungen

Cephalosporine I +
Aminoglykosid
oder Vancomycin

Vancomycin
(+ Aminoglykosid)

Vancomycin
(+ Aminoglykosid)

Einteilung der Penicilline und Cephalosporine siehe S. 18

Organinfektion	Häufigste Erreger	Empirische Therapie: 1. Wahl

bei nachgewiesenem
Erreger
(gezielte Therapie)

a) S. viridans und andere Streptokokken		Penicillin G 20 Mill. E/d (+ Aminoglykosid)
b) Enterokokken		Penicillin G 20 – 30 Mill. E/d + Aminoglykosid oder Ampicillin 12 – 16 g/d + Aminoglykosid
c) S. aureus		Flucloxacillin 9 – 12 g/d + Aminoglykosid
d) S. epidermidis		Vancomycin 2 g/d
e) Enterobakterien und Pseudomonas		Ureidopenicillin + Aminoglykosid oder Cephalosporine III + Aminoglykosid
f) Pilze		Amphotericin B bis zu 1 mg/kg/d Volldosis (+ Flucytosin 150 mg/kg/d)

Epididymitis

wahrscheinlich sexuell übertragen	Gonokokken Chlamydia trachomatis	Doxycyclin
nicht sexuell übertragen	Enterobakterien grampositive Kokken	Ampicillin + Tobramycin

Empirische Therapie: Alternative	Bemerkungen
Cephalosporine I 6 g/d (+ Aminoglykosid) oder Vancomycin 2 g/d	Behandlungsdauer 4 Wochen. Kombinationstherapie mit einem Aminoglykosid für 2 Wochen erhöht die Bakterizidie (Vorsicht bei Patienten > 65 Jahre und bei Niereninsuffizienten). Bei Penicillin MHK < 0,1 mg/l kann die Penicillin-Dosis auf 4 x 2-3 Mill. E reduziert werden. Bei Erregern mit Penicillin MHK > 0,2 mg/l Aminoglykosid-Kombination obligat.
Vancomycin 2 g/d (+ Aminoglykosid)	Behandlungsdauer 6 Wochen. Kombinationstherapie obligat.
Cephalosporine I 6 g/d + Aminoglykosid oder Vancomycin 2 g/d	Bei nachgewiesener Penicillinempfindlichkeit Penicillin G 4 x 5 Mill. E statt Flucloxacillin. Behandlungsdauer 6 Wochen. Kombination mit Aminoglykosid für 3 – 5 Tage vorteilhaft. Bei nachgewiesener Empfindlichkeit Flucloxacillin oder Cephalosporine I statt Vancomycin. Die zusätzliche Gabe von Rifampicin oder einem Aminoglykosid zu Vancomycin ist umstritten. Gezielte Therapie mit Höchstdosis entsprechend Antibiogramm. Behandlungsdauer mindestens 6 Wochen. Meist frühzeitig chirurgische Intervention notwendig (1 bis 2 Wochen nach Therapiebeginn). Weiterbehandlung postoperativ für 6 bis 8 Wochen.
Erythromycin	
Cotrimoxazol	

Einteilung der Peniciline und Cephalosporine siehe S . 18

Organinfektion	Häufigste Erreger	Empirische Therapie: 1. Wahl
Epiglottitis		
	H. influenzae	Cephalosporine III
Gastroenteritis		
invasiv-entzündlich		
(Leukozyten im Stuhl)	Salmonellen	meist keine Antibiotikatherapie erforderlich
	Shigellen	Cotrimoxazol
	Yersinia enterocolitica	Doxycyclin
	Campylobacter jejuni	Erythromycin
	invasive E. coli	Cotrimoxazol oder Ampicillin
	Amöben	Metronidazol
nicht invasiv		
(keine Leukozyten im Stuhl)	Toxinbildner: S. aureus, E. coli, B. cereus, Clostridien	meist keine Antibiotikatherapie erforderlich
	V. cholerae	Doxycyclin
	Viren	keine Antibiotikatherapie

Empirische Therapie: Alternative	Bemerkungen
Ampicillin	bei Kindern: rechtzeitige Intubation!
	Wichtigste Maßnahme: Flüssigkeit- und Elektrolytsubstitution! (oral: 3,5 g NaCl + 2,5 g NaHCO$_3$ + 1,5 g KCl + 40 g Zucker pro Liter Wasser) Antibiotika-Therapie nur bei schweren Verlaufsformen mit Fieber und blutigen Stühlen sowie bei Kleinkindern, Immunkompromittierten und Patienten > 70 Jahre. Therapie: Cotrimoxazol 5 Tage. Antibiotikatherapie verlängert Dauer der Bakterienausscheidung.
Ampicillin oder Fluorochinolone	Therapie immer indiziert. Therapiedauer 5 Tage.
Cotrimoxazol oder Fluorochinolone	Anitbiotikatherapie nur bei schweren (systemischen) Verlaufsformen. Therapiedauer 7 bis 10 Tage.
Doxycyclin oder Fluorochinolone	In der Regel milde Verlaufsform. Antibiotikatherapie reduziert die Reinfektionsrate. Behandlungsdauer 5 Tage.
Fluorochinolone	Ruhrähnliches Krankheitsbild, besonders bei älteren Kindern. Therapiedauer 3 bis 5 Tage.
Doxycyclin + Chloroquin	Antibiotikatherapie auch bei asymptomatischer Darmlumeninfektion indiziert. Bei Darmwandbefall Serologie häufig positiv. Therapiedauer 5 bis 10 Tage.
	In der Regel eine Lebensmittelvergiftung. Die sog. „Reise-Diarrhoe" wird häufig durch E. coli verursacht. Prophylaxe mit Cotrimoxazol bei kurzer Aufenthaltsdauer sinnvoll.
Cotrimoxazol oder Ampicillin	
	Bei Neugeborenen und Kleinkindern hauptsächlich Rota-Viren. Gefahr der Dehydratation. Flüssigkeit- und Elektrolytsubstitution.

Einteilung der Penicilline und Cephalosporine siehe S. 18

Organinfektion	Häufigste Erreger	Empirische Therapie: 1. Wahl
Antibiotika assoziiert	Clostridium difficile	Vancomycin p. o.!

Harnwegsinfektionen

oberer Trakt

akute Pyelonephritis		
leichte Form	E. coli, Proteus, Klebsiella, andere Enterobakterien, Enterokokken, Pseudomonas, S. aureus, B-Streptokokken	Cotrimoxazol p. o. oder Amoxicillin p. o.
schwere Form	Siehe oben	Ureidopenicilline + Aminoglykosid oder Cephalosporine III + Aminoglykosid
rezidivierende Pyelonephritis	Siehe oben	

Harnwegsinfektionen

unterer Trakt

bei Frauen:		
Zystitis	E. coli, Staphylococcus saprophyticus	Cotrimoxazol oder Amoxicillin
Urethralsyndrom	E. coli, Chlamydia trachomatis	Doxycyclin

Empirische Therapie: Alternative	Bemerkungen
Metronidazol p.o.	Toxinnachweis im Stuhl sowie Koloskopie zur endgültigen Diagnose erforderlich.
Chinolone p.o. oder Oralcephalosporine	In der Schwangerschaft parenteral behandeln; nur Penicilline oder Cephalosporine verwenden!
Imipenem oder Ciprofloxacin i.v.	
	Häufig multiresistente Enterobakterien, gezielte Therapie entsprechend Antibiogramm. Bei häufigen Rezidiven Langzeittherapie z.B. mit Cotrimoxazol in Erwägung ziehen.
Chinolone p.o. oder Oralcephalosporine	Therapiedauer 3 Tage Normaldosierung oder Einmaldosistherapie mit 3 g Amoxicillin oral oder 1 Tabl. Cotrimoxazol (160/800 mg); keine Einmaldosistherapie bei Schwangeren! Bei Reinfektionen (> 3 pro Jahr) Langzeitprophylaxe mit Cotrimoxazol 1/2 Tabl./d. (40/200mg). Negative Kultur mit Pyurie (mehr als 8 Leukozyten/ mm^3 im unzentrifugierten Urin). In der Schwangerschaft: initial Amoxicillin, bei Nachweis von Chlamydien Erythromycin.

Einteilung der Penicilline und Cephalosporine siehe S. 18

Organinfektion	Häufigste Erreger	Empirische Therapie: 1. Wahl
bei Männern: Urethritis		
a) nicht gonorrhoisch	Chlamydia trachomatis (~40 %) Ureaplasma urealyticum (10 – 20 %)	Doxycyclin
b) Gonokokken-Urethritis	Gonokokken	Depot-Penicillin

Asymptomatische Bakteriurie		
Kinder	E. coli	Amoxicillin oder Cotrimoxazol
Schwangere	E. coli	Amoxicillin
nicht schwangere und ältere Frauen	E. coli	keine Antibiotika-Therapie
Katheter–assoziiert	siehe akute Pyelonephritis	keine Antibiotika-Therapie

Hirnabszeß

	Aerobe und anaerobe Streptokokken, Bacteroides, S. aureus, Enterobakterien	Penicillin G + Metronidazol (+ Cephaloporine III)

Leberabszeß

	Anaerobier, Enterobakterien, S. aureus, Enterokokken, Streptokokken, Amöben	Ureidopenicilline + Metronidazol

Empirische Therapie: Alternative	Bemerkungen
Erythromycin	
Amoxicillin oder Doxycyclin oder Ceftriaxon	siehe Gonorrhoe S. 168
Oralcephalosporine	Bei 5 bis 6 % der Mädchen im schulpflichtigen Alter tritt eine Bakteriurie auf.
Oralcephalosporine	Wiederholte bakteriologische Untersuchungen während der ganzen Schwangerschaft erforderlich!
	Die Wahrscheinlichkeit einer Bakteriurie bei Katheterisierten steigt jeden Tag um 5 bis 10 %. Katheter so früh wie möglich entfernen!
Metronidazol + Cephalosporine III oder Penicillin G + Chloramphenicol	Meist chirurgischer Eingriff erforderlich! Bei Hirnabszeß ausgehend von einer Otitis Cephalosporine III zugeben. Bei Verdacht auf Staphylokokken-Beteiligung (posttraumatisch, postneurochirurgisch) statt Penicillin G Flucloxacillin oder Vancomycin.
Cephalosporine III + Clindamycin oder Cephalosporine III + Metronidazol Imipenem	Wenn möglich, Drainage! Amöbenserologie durchführen! Mischinfektionen häufig. Bei immungeschwächten Patienten auch Candida.

Einteilung der Penicilline und Cephalosporine siehe S. 18

Organinfektion	Häufigste Erreger	Empirische Therapie: 1. Wahl

Lungenabszeß

(nach Aspiration bzw. nekrotisierender Pneumonie)	siehe Pneumonie S. 138	

Mastitis

	S. aureus	Flucloxacillin

Meningitis

Säuglinge (< 2 Monate)	E. coli, Klebsiella, B-Streptokokken, L. monocytogenes	Ampicillin + Cephalosporine III
Kinder (< 6 Jahre)	H. influenzae, Meningokokken, Pneumokokken	Cephalosporine III
Kinder (> 6 Jahre) und Erwachsene	Meningokokken, Pneumokokken	Penicillin G
ältere Erwachsene (> 60 Jahre)	Meningokokken, Pneumokokken, Enterobakterien	Cephalosporine III
Immunsupprimierte Patienten	L. monocytogenes, Enterobakterien, P. aeruginosa, Streptokokken, S. aureus, Pneumokokken	Ceftazidim + Ampicillin
Shunt-Meningitis	S. epidermidis, S. aureus, Streptokokken, Enterobakterien	Flucloxacillin + Cephalosporine III
Nach neurochirurgischen Eingriffen	Enterobakterien, P. aeruginosa, S. aureus, S. epidermidis	Ceftazidim + Flucloxacillin

Empirische Therapie: Alternative	Bemerkungen
Cephalosporine I oder Erythromycin	Empfehlenswert ist initial die parenterale Gabe von Flucloxacillin, dann Umstellung auf orale Therapie.
Ampicillin + Aminoglykosid Ampicillin oder Chloramphenicol Cephalosporine III oder Chloramphenicol Ampicillin + Aminoglykosid Chloramphenicol (+ Aminoglykosid)	Grampräparat und Antigennachweis im Liquor für die Initialtherapie hilfreich. Bei Meningitis durch Enterobakterien intrathekale bzw. intraventriculäre Aminoglykosid – Verabreichung nur als ultima ratio. Cephalosoporine sind gegen Listerien unwirksam. Prophylaxe für Kontaktpersonen von Patienten mit Meningokokken-Meningitis empfohlen: Rifampicin für 4 Tage, Erwachsene 2 x 600 mg/d, Kinder 2 x 10 mg/kg/d, Säuglinge 2 x 5 mg/kg/d.
Vancomycin + Cephalosporine III	Bei Versagen der Therapie Shuntentfernung.
Vancomycin + Ceftazidim	

Einteilung der Penicilline und Cephalosporine siehe S. 18

Organinfektion	Häufigste Erreger	EmpirischeTherapie: 1. Wahl
Osteomyelitis		
hämatogen		
Säuglinge (< 2 Monate)	S. aureus, Enterobakterien, B-Streptokokken	Flucloxacillin + Aminoglykosid
Kinder (< 6 Jahre)	S. aureus, H. influenzae	Cephalosporine II
Erwachsene	S. aureus, Streptokokken	Flucloxacillin
postoperativ oder posttraumatisch (sowie Patienten mit schweren Grundleiden und Abwehrschwäche)	S. aureus, S. epidermidis, Enterobakterien, Anaerobier, P. aeruginosa	Flucloxacillin + Apalcillin/Piperacillin (+ Aminoglykosid)
Otitis media		
	Pneumokokken, H. influenzae Branhamella S. aureus	Amoxicillin (+ Clavulansäure)
Pankreasabszeß		
	Enterobakterien, Enterokokken, Streptokokken, S. aureus	Ureidopenicilline + Aminoglykosid
Pankreatitis		
	Meist nicht bakteriell bedingt	Antibiotikatherapie nicht erforderlich

Empirische Therapie: Alternative	Bemerkungen
Cephalosporine II Ampicillin/Amoxicillin + β-Laktamase-Hemmer Clindamycin oder Cephalosporine I	
Clindamycin + Ceftazidim oder Imipenem oder Ciprofloxacin	Mischinfektionen sind häufig. Bei Nachweis von P. aeruginosa β-Laktam-Antibiotika mit Aminoglykosid kombinieren.
Cotrimoxazol oder Cefuroximaxetil oder Cefaclor oder Erythromycin	Wenn nach 2 – 3 Tagen keine wesentliche Besserung Parazentese durchführen. Bei rezidivierender Otitis (> 3 x pro Jahr) Prophylaxe mit Cotrimoxazol oder Amoxicillin über 3 Monate zu erwägen.
Imipenem	Drainage erforderlich!

Einteilung der Penicilline und Cephalosporine siehe S. 18

Organinfektion	Häufigste Erreger	Empirische Therapie: 1. Wahl
Perikarditis		
	Häufig Viren	Antibiotikatherapie nicht erforderlich
	Bakteriell: S. aureus, Enterobakterien, H. influenzae, Pneumokokken, Streptokokken, Meningokokken	Cephalosporine II + Aminoglykosid
Peritonitis		
primäre (bei nephrotischem Syndrom und Leberzirrhose)	E. coli, Pneumokokken, Streptokokken, andere Enterobakterien	Penicillin G + Aminoglykosid oder Ampicillin + Aminoglykosid
sekundäre	E. coli und andere Enterobakterien, Enterokokken, Anaerobier	Imipenem oder Clindamycin + Aminoglykosid
bei Peritonealdialyse	S. epidermidis, S. aureus, Streptokokken, Enterobakterien	Vancomycin (+ Cephalosporine II)
Pleuraempyem		
	S. aureus, Enterobakterien, Anaerobier, Pneumokokken, Streptokokken	Cephalosporine II

Empirische Therapie: Alternative	Bemerkungen
Flucloxacillin + Ureidopenicilline	Drainage erforderlich. Grampräparat von Perikarderguß anfertigen und umfangreiche kulturelle (Anaerobier, Pilze, Tb) sowie serologische Untersuchungen (Rickettsien, Ornithose, Lues, Viren) durchführen.
Cephalosporine II	
Metronidazol + Aminoglykosid oder Metronidazol + Ureidopenicilline oder Aztreonam + Clindamycin	Fast immer Mischinfektionen.
Cephalosporine II	Grampräparat von zentrifugierter Dialyseflüssigkeit anfertigen! Bei grampositiven Kokken Vancomycin alleine verabreichen.
Clindamycin + Aminoglykosid oder Imipenem	Drainage erforderlich! Die Initialtherapie sollte sich nach dem Grampräparat richten.

Einteilung der Penicilline und Cephalosporine siehe S. 18

Organinfektion	Häufigste Erreger	Empirische Therapie: 1. Wahl

Pneumonie

nicht nosokomial	Pneumokokken (50 – 90 %), Mykoplasmen, H. influenzae, S. aureus, Legionella, Klebsiella	Penicillin G oder Erythromycin
nach Aspiration	Anaerobier, Streptokokken	Penicillin G

nosokomial		
auf Normalstationen	Enterobakterien, S. aureus, Pneumokokken	Cephalosporine II
auf Intensivstationen	Enterobakterien, P. aeruginosa, S. aureus	Ceftazidim + Aminoglykosid
nach Aspiration	Enterobakterien, S. aureus, Anaerobier	Imipenem
immunsupprimierte Patienten	Enterobakterien, P. aeruginosa, S. aureus	Imipenem + Aminoglykosid
	Candida, Aspergillus	Amphotericin B (+ Flucytosin)
	Pneumocystis carinii, Nocardia	Cotrimoxazol

nekrotisierend	S. aureus, Klebsiella, andere Enterobakterien, A-Streptokokken, P. aeruginosa	Imipenem + Aminoglykosid

Empirische Therapie: Alternative	Bemerkungen
Cephalosporine II	Bei jüngeren Erwachsenen und Kindern > 5 Jahre kommen Mykoplasmen relativ häufiger vor, daher Erythromycin bevorzugen!
Clindamycin	

Flucloxacillin + Aminoglykosid	Bei leichteren Fällen Oraltherapie mit Amoxicillin/Clavulansäure (Augmentan®)
Imipenem (+ Aminoglykosid)	Bei beatmeten Patienten Pseudomonas aeruginosa sehr häufig.
Clindamycin + Aminoglykosid oder Cefoxitin	
Ceftazidim + Flucloxacillin + Aminoglykosid oder Apalcillin/Piperacillin + Flucloxacillin + Aminoglykosid	
	Besonders unter Breitspektrum-Antibiotikatherapie kann sich eine Pilzpneumonie entwickeln! Bei erfolgloser antibakterieller und antimykotischer Therapie sind diese Erreger in Erwägung zu ziehen.
Cephalosporine III + Aminoglykosid	

Einteilung der Penicilline und Cephalosporine siehe S. 18

Organinfektion	Häufigste Erreger	Empirische Therapie: 1. Wahl
Prostatitis		
akut	Enterobakterien, Enterokokken	Cotrimoxazol
chronisch	Enterobakterien, Enterokokken	Cotrimoxazol
Salpingitis		
leichtere Fälle (ambulante Behandlung)	Gonokokken, Chlamydia trachomatis, Mykoplasmen, Streptokokken, Anaerobier, Enterobakterien	Amoxicillin p. o. oder Cefoxitin i. m. (jeweils Einmaldosis); dann Doxycyclin p.o. für 10 – 14 Tage
schwere Fälle (stationäre Behandlung)	häufig Mischinfektionen durch Streptokokken, Anaerobier und Enterobakterien, Chlamydien, Mykoplasmen	Doxycyclin i. v. + Cefoxitin i. v.
Sepsis		
ausgehend von		
a) Harnwege	E. coli, Klebsiella, Proteus, P. aeruginosa	Ureidopenicilline + Aminoglykosid oder Ceftazidim + Aminoglykosid
b) Gallenwege	E. coli, andere Enterobakterien, Anaerobier	Mezlocillin + Aminoglykosid oder Cefotaxim + Aminoglykosid
c) Intestinaltrakt	E. coli, andere Enterobakterien, Enterokokken, Anaerobier	Imipenem

Empirische Therapie: Alternative	Bemerkungen
Chinolone p. o. oder Amoxicillin	
	Therapieversager häufig. Empfohlene Behandlungsdauer 12 Wochen.
Doxycyclin	
Clindamycin + Aminoglykosid oder Doxycyclin i. v. + Metronidazol i. v.	Für mindestens 4 Tage bzw. 2 Tage nach Entfieberung. Danach kann umgestellt werden auf Doxycyclin p. o. Gesamtbehandlungsdauer 10 – 14 Tage.
Imipenem oder Ciprofloxacin i. v.	Urinbefunde beachten!
Imipenem	
Cefoxitin + Aminoglykosid oder Clindamycin + Aminoglykosid oder Metronidazol + Aminoglykosid	

Einteilung der Penicilline und Cephalsoporine siehe S. 18

Organinfektion	Häufigste Erreger	Empirische Therapie: 1. Wahl
d) Respirationstrakt (nosokomial)	Enterobakterien, P. aeruginosa, S. aureus, Anaerobier	Ureidopenicilline + Aminoglykosid (+ Flucloxacillin) oder Ceftazidim + Aminoglykosid (+Flucloxacillin)
e) Verbrennungen	P. aeruginosa, S. aureus	Ureidopenicilline + Aminoglykosid (+ Flucloxacillin) oder Ceftazidim + Aminoglykosid (+ Flucloxacillin)
f) Venenkatheter	S. epidermidis, S. aureus, Enterobakterien, Candida, P. aeruginosa	Vancomycin + Ceftazidim

Sepsis bei nachgewiesenem Erreger
(gezielte Therapie)

a) S. aureus		Flucloxacillin 9 – 12 g/d
b) S. epidermidis		Vancomycin 2 g/d
c) E. coli, Proteus mirabilis		Cephalosporine II 6 g/d oder Mezlocillin 15 g/d
d) Klebsiella, Indol-pos. Proteus, Enterobacter, Serratia		Cefotaxim 6 g/d + Aminoglykosid oder Ceftriaxon 2 g/d + Aminoglykosid oder Imipenem 2 – 3 g/d

Empirische Therapie: Alternative	Bemerkungen
Imipenem + Aminoglykosid	
Imipenem + Aminoglykosid oder Cefsulodin + Aminoglykosid	
	Die wirksamste Maßnahme ist die Entfernung des Katheters. Zusätzliche Antibiotika-Therapie nur bei persistierender Bakteriämie angezeigt. In Ausnahmefällen kann ein Therapieversuch ohne Entfernung des Katheters unternommen werden. Wenn nach 2 – 3 Tagen kein Erfolg, Katheter entfernen!

Cephalosporine I 6 g/d oder Vancomycin 2 g/d	Häufigste Infektionsquelle: kontaminierte Hände!- Bei Methicillin- (= Oxacillin-) resistenten Stämmen ist Vancomycin das Mittel der Wahl (trotz gelegentlicher in vitro-Empfindlichkeit gegenüber anderen Antibiotika!)
	Bei Methicillin- (= Oxacillin-) empfindlichen Stämmen Flucloxacillin oder Cephalosporine I. Wenn nur eine Blutkultur positiv ist, handelt es sich bei 90 % der Fälle nur um eine Kontamination. Häufig Katheter- oder Fremdkörper-assoziierte Infektion (Herzklappen, Gelenkprothesen).
nach Antibiogramm: Ampicillin 8 – 12 g/d nach Antibiogramm: Mezlocillin 15 g/d (+ Aminoglykosid)	Häufig ausgehend von: Urogenital-, Gastrointestinaltrakt oder Gallenwegen Urogenital-, Gastrointestinaltrakt

Einteilung der Penicilline und Cephalosporine siehe S. 18

Organinfektion	Häufigste Erreger	Empirische Therapie: 1. Wahl
e) P. aeruginosa		Ceftazidim 6 g/d + Aminoglykosid
f) Bacteroides		Metronidazol 1,5 g/d oder Imipenem 1,5 g/d
g) Clostridien		Penicillin G 30 Mill. E/d
h) A-Streptokokken		Penicillin G 8 – 12 Mill. E/d
i) B-Streptokokken		Penicillin G 10 – 20 Mill E/d
j) Enterokokken		Penicillin G 20 – 30 Mill. E/d + Aminoglykosid oder Ampicillin 12 – 16 g/d + Aminoglykosid
k) Pneumokokken		Penicillin G 8 – 12 Mill. E/d
l) Meningokokken		Penicillin G 20 – 30 Mill. E/d

Sinusitis

	Pneumokokken, H. influenzae, Streptokokken, Anaerobier, S. aureus	Amoxicillin

Empirische Therapie: Alternative	Bemerkungen
Ureidopenicilline 9 – 15 g/d oder Imipenem 3 g/d oder Ciprofloxacin 400 mg/d oder Cefsulodin 6g/d jeweils + Aminoglykosid	Häufig ausgehend von: HWI, Wunden, Verbrennungen, Pneumonien u. a.
Clindamycin 1,8 g/d	Intestinaltrakt, Beckeninfektionen
Clindamycin 1,8 g/d	Abort, Darm- und Wundinfektionen
Cephalosporine I 6 g/d	Weichteilinfektionen; insgesamt relativ selten
Cephalosporine I 6 g/d	Urogenitaltrakt
Vancomycin 2 g/d + Aminoglykosid	Urogenitaltrakt, intraabdominelle Abszesse, Beckeninfektionen
Cephalosporine I 6 g/d oder Vancomycin 2 g/d	Pneumokokkenpneumonie
Cefotaxim 6 g/d oder Ceftriaxon 2 g/d	Meningitis. Eine Sepsis ohne gleichzeitige Meningitis hat eine wesentlich höhere Letalität (20 – 30 %). Umgebungsprophylaxe nur bei engerem Kontakt notwendig: Rifampicin 2 x 600 mg oder Minocyclin 1 x 200 mg
Cefaclor oder Erythromycin	Eventuell zusätzliche Spülbehandlung z. B. mit Nebacetin, Neomycin oder Polymyxin B. Bei chronischer Sinusitis evtl. OP erforderlich!

Einteilung der Penicilline und Cephalosporine siehe S. 18

Organinfektion	Häufigste Erreger	Empirische Therapie: 1. Wahl
Tonsillitis		
	Viren (30 – 40 %), A- Streptokokken (15 – 30 %)	— Penicillin V
Vaginitis		
Ausfluß: homogen, dünn, übelriechend, pH ~ 5 – 5,5	Gardnerella vaginalis, Anaerobier	Metronidazol p. o.
schaumig, eitrig, übelriechend, pH ~ 6,0	Trichomonas vaginalis	Metronidazol p. o.
käsig, krümelig, pH ~ 4,5	Candida albicans	Nystatin lokal

Empirische Therapie: Alternative	Bemerkungen
Oralcephalosporine oder Erythromycin oder Clindamycin	Therapiedauer: 10 Tage, kein Cotrimoxazol! Zur etiologischen Klärung Rachenabstrich erforderlich.

	Für alle Formen der Vaginitis mikroskopisches Präparat erforderlich! Partner mitbehandeln!
Amoxicillin p. o.	Einmaldosis-Therapie: 1 – 2 g Metronidazol, bei Rezidiv 2 x 500 mg Metronidazol pro Tag für 7 Tage
	Einmaldosis von 2 g ausreichend
Miconazol lokal	Therapiedauer 7 bis 14 Tage

Einteilung der Penicilline und Cephalosporine siehe S. 18

Erregerspezifische Antibiotika-Therapie

Erreger	Therapie der 1. Wahl	Alternative Mittel
Achromobacter*		
Acinetobacter*		
Aeromonas*		
Aktinomyzeten	Penicillin G	Tetracycline, Clindamycin
Bacillus anthracis	Penicillin G	Tetracycline, Erythromycin
Bacteroides fragilis	Metronidazol, Clindamycin	Cefoxitin, Imipenem, Cefotetan, Ureidopenicilline
Bacteroides spp. (Oropharynx)	Penicillin G	Clindamycin, Cephalosporine I, Cefoxitin, Metronidazol
Bordetella pertussis	Erythromycin	Cotrimoxazol
Borrelia burgdorferi	Tetracycline	Penicillin G, Erythromycin
Borrelia recurrentis	Tetracycline	Erythromycin, Penicillin G
Branhamella catarrhalis	Amoxicillin + Clavulansäure	Oralcephalosporine, Erythromycin, Tetracycline
Brucellen	Tetracycline (+ Aminoglykosid)	Cotrimoxazol, Chloramphenicol
Campylobacter jejuni	Erythromycin	Tetracycline, Chinolone

* siehe Fußnote S. 152

Erreger	Therapie der 1. Wahl	Alternative Mittel
Chlamydien	Tetracycline	Erythromycin, Chinolone
Citrobacter*		
Clostridium perfringens Clostridium tetani	Penicillin G	Tetracycline, Metronidazol, Cefoxitin, Clindamycin
Clostridium difficile	Vancomycin (oral)	Metronidazol Teicoplanin
Corynebacterium diphtheriae	Penicillin G (Antitoxingabe!)	Erythromycin
Corynebacterium JK	Vancomycin	Teicoplanin, Chinolone
Enterobacter*		
Enterococcus faecalis	Ampicillin (+ Aminoglykosid)	Vancomycin, Cotrimoxazol, Teicoplanin
Enterococcus faecium	Vancomycin	Teicoplanin
Escherichia coli*		
Francisella tularensis	Aminoglykosid	Tetracycline
Gardnerella vaginalis	Metronidazol	Amoxicillin
Gonokokken	Penicillin G	Tetracycline, Cephalosporine II oder III, Spectinomycin
Haemophilus ducreyi	Erythromycin	Cotrimoxazol, Cephalosporine III
Haemophilus influenzae	Ampicillin	Cotrimoxazol, Cephalosporine II oder III

Einteilung der Penicilline und Cephalosporine siehe S. 18

Erreger	Therapie der 1. Wahl	Alternative Mittel
Klebsiella*		
Legionellen	Erythromycin	Chinolone
Leptospiren	Penicillin G	Tetracycline
Listerien	Ampicillin	Erythromycin, Tetracycline
Meningokokken	Penicillin G	Cephalosporine III, Chloramphenicol
Morganella*		
Mycobacterium avium-intracellulare	INH + Ethambutol + Rifampicin + Sreptomycin	Cycloserin, Prothionamid, Clofazimin, Ansamycin
Mycobacterium fortuitum	Amikacin + Cefoxitin	Tetracycline, Sulfonamide, Rifampicin
Mycobacterium kansasii	INH + Rifampicin (+ Ethambutol)	Prothionamid, Cycloserin, Streptomycin
Mycobacterium leprae	Dapson + Rifampicin (+ Clofazimin)	Prothionamid
Mycobacterium marinum	Tetracycline	Rifampicin, Ethambutol
Mycobacterium tuberculosis	INH + Rifampicin + Ethambutol	Pyrazinamid, Prothionamid, Streptomycin
Mykoplasmen	Erythromycin	Tetracycline
Nocardien	Cotrimoxazol	Minocyclin
Pasteurella multocida	Penicillin G	Tetracycline, Cephalosporine II oder III

* siehe Fußnote S. 152

Erreger	Therapie der 1. Wahl	Alternative Mittel
Peptokokken, Peptostreptokokken	Penicillin G	Tetracycline, Erythromycin, Cefoxitin, Clindamycin, Vancomycin
Pneumokokken	Penicillin G	Erythromycin, Cephalosporine I oder II, Vancomycin
Proteus*		
Providencia*		
Pseudomonas aeruginosa*		
Pseudomonas cepacia, P. maltophilia, P. pseudomallei	Cotrimoxazol	Tetracycline, Chloramphenicol
Rickettsien	Tetracycline	Chloramphenicol
Salmonella typhi,	Amoxicillin,	Chinolone, Chloramphenicol
Salmonella paratyphi	Cotrimoxazol	
Serratia*		
Shigellen	Cotrimoxazol	Ampicillin, Chinolone
Staphylokokken		
β-Laktamase neg. (Penicillin empfindlich)	Penicillin G	Cephalosporine I oder II, Erythromycin, Clindamycin
β-Laktamase pos. (Penicillin resistent, Oxacillin empfindl.)	Flucloxacillin	Cephalosporine I oder II, Clindamycin, Erythromycin
Oxacillin resistent	Vancomycin	Teicoplanin

Einteilung der Penicilline und Cephalosporine siehe S. 18

Erreger	Therapie der 1. Wahl	Alternative Mittel
Streptokokken	Penicillin G	Erythromycin, Cephalosporine I oder II, Tetracycline
Treponema pallidum	Penicillin G	Tetracycline, Erythromycin
Vibrionen	Tetracycline	Cotrimoxazol, Chloramphenicol
Yersinia enterocolitica	Tetracycline	Aminoglykosid, Cephalosporine III, Cotrimoxazol
Yersinia pestis	Aminoglykosid	Tetracycline, Chloramphenicol
Yersinia pseudotuberculosis	Ampicillin	Tetracycline, Aminoglykosid

* Anhand des Antibiogramms bei nachgewiesener Empfindlichkeit des Erregers bewährte, kostengünstige Antibiotika mit schmalerem Spektrum bevorzugen! In folgender Reihenfolge:

Aminobenzylpenicilline → Cephalosporine I oder II → Ureidopenicilline → Cephalosporine III → Imipenem/Fluorochinolone i. v.

Bei schweren Infektionen Kombination mit

Gentamicin/Tobramycin → Netilmicin → Amikacin

insbesondere bei Pseudomonas-, Enterobacter-, Serratia- und Citrobacter-Infektionen.

Einteilung der Penicilline und Cephalosporine siehe S. 18

Spezifische Infektionserkrankungen

Infektion / Erreger	Nachweisverfahren

Aktinomykose

Actinomyces israelii
„ naeslundii
Arachnia propionica und
zahlreiche andere Arten

Grampositive mikroaerophile
Fadenbakterien

Kulturell*: Aus Eiter, Fistelsekret, Granulationsgewebe (Punktion oder Inzision nicht durch die Schleimhaut durchführen). Dauer: 2 – 14 Tage.

Mikroskopisch*: Nachweis von Drusen (gelbliche Granula). Kann entweder mit bloßem Auge oder schwacher Vergrößerung betrachtet werden. In Speziallabors ist die direkte Fluoreszenzmikroskopie möglich.

Amoebiasis

(Amoebenruhr)

Entamoeba histolytika

Protozoon

Mikroskopisch*: Aus frischer, noch warmer Stuhlprobe. Besser geeignet ist blutiger Schleim oder endoskopisch entnommenes Material von Darmwandläsionen. Untersuchung muß innerhalb 1/2 Stunde nach Entnahme erfolgen. Ist das nicht möglich, Konservierung der Stuhlprobe (etwa 1 g) in 4 % iger Formaldehydlösung oder in Merthiolat-Formalinlösung. Insgesamt drei Proben an drei verschiedenen Tagen entnehmen.

Serologisch*: Bei Darmwandinvasion und extraintestinaler Amoebiasis (Abszeßbildung) KBR, IFT, ELISA, IHA, Latex u. a.

* Methode der Wahl

Therapie	Bemerkungen
Penicillin G 10 – 20 Mill. E/d für 4 – 6 Wochen, anschließend Phenoxypenicillin 2 – 5 Mill. E/d für 6 Monate Alternativ: Tetracyclin, evtl. auch Clindamycin	Aktinomyzeten gehören zur normalen Schleimhautflora. Kultureller Nachweis nur diagnostisch verwertbar im Zusammenhang mit dem klinischen Bild. (Drei Formen der Aktinomykose: cervico-facial, thoracal, abdominal; häufig mit dermaler Fistelbildung). Immer eine Mischinfektion mit anderen Bakterien wie Staphylokokken, Streptokokken, Fusobakterien, Actinobacillus Actinomycetem-comitans. Anaerobes Transportmedium verwenden, nicht in Kochsalzlösung einschicken.
Metronidazol (Clont®) 3 x 0,75 g p. o. 5 – 10 Tage lang, bei extraintestinaler Amoebiasis i. v. Alternativ bei der extraintestinalen Form oder schwerem intestinalen Verlauf: Kombination von Chloroquin + Dehydro-Emetin (Dametin®) Symptomlose Träger Wegen der Gefahr der Gewebsinvasion Metronidazol in der o. g. Dosierung. Alternativ: Ornidazol (Tiberal®), Paromomycin (Humatin®)	Weltweit verbreitet. Häufig bei AIDS-Patienten und Rückkehrern aus warmen Ländern. Übertragung durch Lebensmittel und Trinkwasser, die durch Amoebenzysten kontaminiert sind. Unter den extraintestinalen Formen ist der Leberabszeß am häufigsten.

Infektion / Erreger	Nachweisverfahren
Ascariasis	
Ascaris lumbricoides Spulwurm	Mikroskopisch*: In der Stuhlprobe finden sich zahlreiche Eier.
Aspergillose	
Aspergillus fumigatus A. flavus A. niger Schimmelpilz	Kulturell*: Aus Sputum, Bronchialsekret, Nasenabstrich. Nur bei mehrfachem Nachweis und im Zusammenhang mit dem klinischen Bild bzw. mit dem Immunstatus des Patienten diagnostisch beweisend. Invasion des Erregers nur mittels Gewebebiopsie nachweisbar. Blutkulturen und Liquor sehr selten positiv. Mikroskopisch: Hyphen im Nativpräparat bzw. in Gewebeschnitten erlauben Verdachtsdiagnose, sind jedoch ohne Kultur diagnostisch nicht beweisend. Serologisch: Mittels Präzipitin-Test, ELISA, Hämagglutination (häufig positiv bei allergischer bronchopulmonaler Aspergillose, bei invasiver Aspergillose von fraglichem Nutzen).
Bandwurm	
Taenia saginata = Rinderbandwurm	Mikroskopisch*: Spontan abgehende gelb-weiße Wurmglieder im Stuhl sind leicht erkennbar.
Taenia solium = Schweinebandwurm Cestoden	Mikroskopisch: Untersuchung des Stuhls auf Eier ist unzuverlässig

* Methode der Wahl

Therapie	**Bemerkungen**
Mebendazol (Vermox®) 2 x 100 mg/d, insgesamt 3 Tage. Nicht bei Schwangeren im 1. und 2. Trimenon und Kindern unter 2 Jahre. Alternativ: Pyrantel (Helmex®) 10 mg/kg als Einmaldosis oder Piperazin (Tasnon®, Vermicompren®) 75 mg/kg (max. 3,5 g) als Einmalgabe	Verbreitet insbesondere in warmen Ländern (50 – 90 % der Bevölkerung befallen). Übertragung meist durch den Genuß roher Salate und Gemüse, die mit menschlichen Fäkalien gedüngt werden. Häufig bei Kindern. Während der Lungenpassage des Parasiten oft eosinophile Lungeninfiltrate nachweisbar.
Amphotericin B 0,6–1 mg/kg/d (einschleichende Dosierung: siehe Seite 96) eventuell Kombination mit Flucytosin	Aspergillus ist ubiquitär (Erde, Staub). Kolonisierung bzw. Infektion erfolgt durch Inhalation von Pilzsporen (Konidien). Systemische Aspergillose nur bei immungeschwächten Patienten (z. B. mit Leukämie, Lymphom, nach Organtransplantation). Keine Übertragung von Mensch zu Mensch.
Niclosamid (Yomesan®) 2 g p. o. als Einmaldosis Alternativ: Praziquantel (Cesol®) 10 mg/kg p. o. als Einmaldosis	Vom Menschen (Endwirt) werden reife Wurmeier ausgeschieden. Sie werden vom Schwein und Rind („Zwischenwirte") oral aufgenommen. In der Muskulatur dieser Tiere entstehen sog. Finnen, 3 – 10 mm groß und für den Menschen infektiös. Die Übertragung erfolgt durch den Genuß von rohem Schweine- oder Rindfleisch (z. B. „Beefsteak-Tatar").

Infektion/ Erreger	Nachweisverfahren

Bandwurm (Fortsetzung)

Zystizerkose	Serologisch*: Nachweis mit indirektem Hämagglutinationstest, KBR oder indirekter Immunfluoreszenz.

Blastomykose

Blastomyces dermatitidis Dimorpher Sproßpilz	Kulturell*: Aus Sputum, Eiter und aspiriertem Sekret von Hautläsionen und subkutanen Knoten, Gelenkspunktat, Urin, Gewebebiopsie. Mikroskopisch: Hefezellen im Nativpräparat bzw. in Gewebeschnitten.

Botulismus

Clostridium botulinum Grampositive, sporenbildende, anaerobe Stäbchen	Tierversuch*: Toxinnachweis aus Patientenserum, Mageninhalt und den vermutlich kontaminierten Speiseresten. Kulturell*: Aus Stuhl, Mageninhalt und Speiseresten bzw. Wundabstrich.

* Methode der Wahl

Therapie	Bemerkungen

Praziquantel (Cesol®) 20 mg/kg
3 x täglich für 10 – 14 Tage, evtl.
kombinieren mit Corticosteroiden;
chirurgische Exzision erwägen.

Bei dieser seltenen Erkrankung wird
der Mensch nach oraler Aufnahme
von Eiern (z. B. mit Salat) von
T. solium zum „Zwischenwirt" – es
bilden sich Finnen vorwiegend in der
Muskulatur, im ZNS und Auge.

Amphotericin B 0,3 – 0,6 mg/kg /d
oder 0,6 – 0,8 mg/kg jeden 2. Tag
(Gesamtdosis 1,5 – 2,5 g)
Einschleichende Dosierung siehe
S. 96

Alternativ:
Ketoconazol

Endemisch in den USA und Kanada
(Große-Seen-Gebiet).
Sporadisch in Mittel- und Südamerika, Afrika und im Mittleren Osten.
Infektion erfolgt durch Inhalation von
sporenhaltigem Staub.
Serologische Methoden ohne Bedeutung.

Polyvalentes Botulismus-Antitoxin
initial 500 ml i. v., bei persistierenden
Symptomen nach 4 – 6 Std. weitere
250 ml.

Magenspülungen, hoher Einlauf
empfohlen zur Eliminierung nicht
resorbierten Toxins. Intensivpflege
(Beatmung).
Eine zusätzliche Penicillin-Therapie
ist von fraglichem Nutzen.

C. botulinum produziert das stärkste
bakterielle Toxin. Sporen sind ubiquitär. Häufigste Form des Botulismus: Lebensmittelvergiftung durch
unsachgemäß verarbeitete Konserven. Wundbotulismus selten.
Inkubationszeit: bei Lebensmittelvergiftung 12 – 24 Std. (bis zu
1 Woche), bei Wundbotulismus
4 – 14 Tage.

Meldepflichtig: Krankheitsverdacht, Erkrankung, Tod

Infektion/ Erreger	Nachweisverfahren

Brucellose

Brucella melitensis
(Malta-Fieber)

Brucella abortus
(M. Bang)

Brucella suis
Brucella canis

Gramnegative Stäbchen

Kulturell: Wiederholte Blutkultur, außerdem aus Liquor, Knochenmarkspunktat, Urin, Gewebebiopsien der Haut, Sputum, Pleuraexsudat, Empyem
Dauer 1 – 3 Wochen

Serologisch*: Mittels Agglutination, KBR

Candidiasis

Candida albicans
  „ tropicalis
  „ pseudotropicalis
  „ glabrata
  „ parapsilosis

Sproßpilze

Kulturell*: Aus Abstrich bzw. Gewebebiopsie von Haut und Schleimhaut, Urin, Blut, Liquor, Sputum, Bronchialsekret, Stuhl

Mikroskopisch: Im Nativpräparat Hefezellen z. T. mit Pseudohyphen

Serologisch: Antikörpernachweis mittels IHA und IFT (allein diagnostisch nicht beweisend). Antigennachweis im Serum mittels Latex-Test möglich.

* Methode der Wahl

Therapie	Bemerkungen

Doxycyclin 0,2 g/d für 3 - 4 Wochen, bei schweren Infektionen Kombination mit Gentamicin 1,7 mg/kg/d für 2 Wochen

Alternativ:
Cotrimoxazol 6 Tabl./d
(480/2.400 mg/d) für 4 Wochen
(Rifampicin 900 mg/d kombiniert mit Tetracyclin oder Cotrimoxazol)

Weltweit verbreitet, in Deutschland selten. Übertragung durch direkten Kontakt mit infizierten Tieren wie Rinder, Schweine, Schafe, Ziegen; auch durch kontaminierte Milchprodukte. Übertragung von Mensch zu Mensch nicht bekannt.
Inkubationszeit einige Tage bis zu mehreren Monaten.
Serologische Kreuzreaktion mit Francisella tularensis kann zu falsch positivem Ergebnis führen.

Meldepflichtig: Erkrankung, Tod

Disseminierte Candidiasis:

Amphotericin B 0,6 - 1 mg/kg/d
(einschleichende Dosierung s. S. 96)
evtl. Kombination mit Flucytosin

Mundsoor:
Nystatin-Suspension 100.000 E/ml
4 - 6 x tgl. 1 ml oder mit
Gentianaviolett-Lösung auspinseln

Soor-Ösophagitis:
Nystatin oral oder Amphotericin B-Suspension, bei schwerer Form:
Miconazol i. v. oder Ketoconazol p. o.

Genital-Soor:
lokale Therapie mit Clotrimazol, Miconazol, Nystatin

Saprophytische Bewohner der Haut und Schleimhäute. Infektion meist endogen.
Disseminierte Candidiasis fast ausschließlich bei Immungeschwächten.
Prädisponierende Faktoren:
Diabetes mellitus, Corticosteroidtherapie, Breitspektrumantibiotika-Therapie, langzeitige parenterale Ernährung. Transiente Fungämie häufig bei i. v.-Katheterbesiedelung.

Infektion / Erreger	Nachweisverfahren

Chagas-Krankheit

(Amerikanische Trypanosomiasis)
Trypanosoma cruzi

Protozoon

Mikroskopisch: Im Blut (Ausstrich oder „Dicker Tropfen"), Muskelbiopsie bei chronisch erkrankten Patienten unzuverlässig

Serologisch*: IFT, KBR, ELISA u. a. Methoden

Cholera

Vibrio cholerae

Gramnegative, kommaförmige Stäbchen.
Mehr als 70 Serotypen.
Nur Typ 0 : 1 verursacht die epidemische Cholera.
Zu diesem Serotyp gehören zwei Biovare: „cholerae" (klassische Choleravibrionen) und „El Tor".

Kulturell*: Aus Stuhlproben, Rektalabstrichen oder Erbrochenem. Material innerhalb von 3 Stunden verarbeiten oder ansonsten Transportmedium benutzen.

Mikroskopisch: Dunkelfeldmikroskopie von frischem Stuhl: bewegliche Vibrionen werden bei Zugabe von spezifischem Antiserum immobilisiert.

Serologisch: Mittels Agglutination (nur geringe Bedeutung).

Cryptosporidiose

Cryptosporidium spp.

Protozoon

Mikroskopisch*: Stuhluntersuchung mit Karbol-Fuchsin-, Giemsa-Färbung oder mittels Nativpräparat. Nativstuhl oder fixiert mit Merthiolat-Formalin-Lösung oder 4 %igem Formalin.

* Methode der Wahl

Therapie	Bemerkungen
Nifurtimox (Lampit®) 8 – 10 mg/kg/d in 4 Dosen insgesamt für 4 Monate	In Süd- und Mittelamerika verbreitet (bes. in „Slums" und auf dem Lande). Übertragung erfolgt durch Raubwanzen.
Wichtigste Maßnahme: Orale oder parenterale Flüssigkeitssubstitution durch Infusion glukosehaltiger Elektrolytlösungen, z. B. Ringer-Lactat + Glukose (50 mMol/l) bzw. durch Verabreichung einer Trinklösung folgender Zusammensetzung: 20 g Glukose, 3,5 g NaCl, 2,5 g $NaHCO_3$ 1,5 g KCl auf 1 l Wasser. Tetracyclin 1 g/d p. o. für 3 – 5 Tage. Alternativ: Cotrimoxazol oder Ampicillin	V. cholerae ist endemisch in Indien und Bangladesh, El Tor im Mittelmeerraum, Vorderasien und Afrika. Die Erkrankung wird durch ein vom Erreger produziertes Enterotoxin hervorgerufen. Die Infektion wird durch Aufnahme von kontaminiertem Wasser und Nahrungsmitteln übertragen. Die Inkubationszeit beträgt gewöhnlich 1 – 3 Tage. Die Antibiotika-Therapie führt zur schnelleren Eliminierung des Erregers und verkürzt die Dauer der Diarrhoe. Die Cholera-Impfung bietet nur einen etwa 50 %igen Schutz. Meldepflichtig: Krankheitsverdacht, Erkrankung, Tod.
Bisher keine allgemein anerkannte, wirksame, spezifische Therapie. Flüssigkeit- und Elektrolyt-Substitution. Von manchen Autoren wird Spiramycin (Rovamycin®, Selectomycin®) empfohlen, 6 Mio. I.E./d in 2 Einzeldosen.	Relativ neu beschrieben als Erreger von mild verlaufenden Durchfallerkrankungen, die bei Immunkompetenten selbst heilen. Bei Immungeschwächten, insbesondere AIDS-Patienten protrahierter Verlauf mit großem Wasserverlust (wässrige Stühle bis 15 l pro Tag, starke Gewichtsabnahme). Weltweit verbreitet. Nutztiere scheiden Oozysten aus. Inkubationszeit: 3 – 12 Tage.

Infektion / Erreger	Nachweisverfahren

Diphtherie

Corynebacterium diphtheriae

Grampositive schlanke Stäbchen

Kulturell*: Nasen-, Rachenabstrich (Pseudomembran vor der Probenentnahme ablösen!)

Echinokokkose

Echinococcus granulosus (Hundebandwurm)

E. multilocularis (Fuchsbandwurm)

Serologisch*: Indirekter Immunfluoreszenztest, indirekter Hämagglutinationstest, ELISA, (KBR)

Erysipel

Streptokokken der Serogruppe A

Grampositive Kettenkokken

Kulturell: Aspirat von Gewebeflüssigkeit aus dem Randgebiet des Erysipels (selten positiv!)

* Methode der Wahl

Therapie	Bemerkungen
Diphtherie-Antitoxin je nach Schwere der Erkrankung 500 – 2000 IE/kg Körpergewicht als eine i. m. Dosis. Erfolgt die Serotherapie nach dem 3. Krankheitstag, Dosis verdoppeln. Evtl. wiederholte Applikation bei verzögerter Membranabstoßung. Antitoxin bei klinischem Verdacht sofort verabreichen! Kulturergebnis nicht abwarten. Penicillin G (Ergänzungstherapie) 1,2 – 4 Mill. E/d für 10 Tage. Alternativ: Erythromycin.	Kleine begrenzte Epidemien kommen in Deutschland immer wieder vor. Häufigkeitsgipfel im Herbst und Winter. Übertragung durch Tröpfcheninfektion. 3 Tage nach Therapieende Kontrollrachenabstriche (3 x) abnehmen. Inkubationszeit: 2 – 5 Tage; strikte Isolation der Erkrankten und Träger. Träger antibiotisch behandeln. Meldepflichtig: Erkrankung, Tod.
Chemotherapie nur in inoperablen Fällen! Mebendazol (Vermox®) 3 Tage 2 x 500 mg, dann 3 Tage 3 x 500 mg, danach 30 – 40 mg/kg/d verteilt auf 3 Dosen, nach den Mahlzeiten einnehmen Operative Entfernung der E. granulosus-Zysten. Vorsicht bei Aussaat der Skolices: sekundäre Hydatidose und ggf. anaphylaktische Reaktion! Keine Probepunktion!	Durch orale Aufnahme von Hundebandwurmeiern wird der Mensch zum „Zwischenwirt". Weltweit verbreitet; E. multilocularis endemisch in der Schwäbischen Alb. Finnen des E. granulosus bilden in der Leber, Lunge und anderen Organen abgrenzbare, flüssigkeitsgefüllte Zysten = Hydatiden (sog. E. cysticus). Finnen des E. multilocularis bilden viele kleine Blasen. „Krebsartige Durchsetzung der Leber" (sog. E. alveolaris).
Penicillin G oder V 1,2 – 3 Mill. E/d für 1 – 2 Wochen Alternativ: Erythromycin	Die Diagnose wird in den meisten Fällen klinisch gestellt. In etwa $1/3$ der Fälle geht dem Erysipel eine Streptokokken-Infektion des Respirationstraktes voraus.

Infektion/ Erreger	Nachweisverfahren

Erysipeloid

(Schweinerotlauf)

Erysipelothrix rhusiopathiae

Grampositive aerobe Stäbchen

Kulturell*: Aus Hautbiopsie bzw. Blutkultur bei Sepsis und Endokarditis.

Fleckfieber

Rickettsia prowazeki

Obligat intrazelluläre, kleine kokkoide Bakterien

Serologisch*: Weil-Felix-Reaktion (Nachweis von Serum-Agglutininen gegen Proteus OX-19), IFT, KBR

Tierversuch: Inokulation von Blut in Meerschweinchen oder Beimpfung von embryonalem Dottersack.

Gasbrand, Gasödem

Clostridium perfringens
C. novyi
C. septicum
C. histolyticum

Grampositive, anaerobe, sporenbildende Stäbchen

Kulturell*: Aus Wundabstrich, Gewebebiopsie (Wundrand, Muskel)

Mikroskopisch: Im Grampräparat große, plumpe grampositive Stäbchen. Häufig Mischflora.

*Methode der Wahl

Therapie	Bemerkungen

Penicillin V 1,2 – 3 Mio. E/d p. o.
für 10 Tage;
bei Endokarditis:
20 Mio. E/d i. v. für 4 Wochen

Alternativ:
Tetracyclin oder Erythromycin

Infektion erfolgt durch kleine Hautläsion bei der Handhabung von infiziertem Tiermaterial (Fleisch, Geflügel, Fische). Häufigste Lokalisation sind Finger und Hände.
Inkubationszeit: 1 – 4 Tage.
Sepsis und Endokarditis sehr selten.

Doxycyclin initial 0,2 g, dann 0,1 g/d
bis 3 Tage nach Entfieberung

Alternativ:
Chloramphenicol

Weltweit verbreitet. In Europa nur noch sehr selten. Übertragung durch Kleiderlaus.
Inkubationszeit: 10 – 14 Tage.
Titer in der Weil-Felix-Reaktion steigen bis zu 2 – 3 Wochen nach Erkrankungsbeginn an.

Meldepflichtig: Krankheitsverdacht, Erkrankung, Tod.

Die wichtigste therapeutische Maßnahme ist die chirurgische Exzision der infizierten Bereiche (wenn nötig Amputation). Eine Sauerstoffüberdruckbehandlung kann nützlich sein. Eine klinische Wirksamkeit von Gasbrand-Antitoxin ist nicht erwiesen.

Penicillin G 20 – 30 Mill. E/d

Alternativ:
Chloramphenicol, Clindamycin

Der mikroskopische und kulturelle Nachweis von Clostridien ist nur diagnostisch verwertbar im Zusammenhang mit dem klinischen Bild (Myonekrose), da Clostridien ubiquitär sind.
Inkubationszeit: 1 – 5 Tage
(bis zu mehreren Wochen)

Meldepflichtig: Erkrankung, Tod.

Infektion / Erreger	Nachweisverfahren

Giardiasis (Lambliasis)

Giardia lamblia Protozoon (Flagellat)	Mikroskopisch*: Etwa bohnengroße Stuhlproben an drei verschiedenen Tagen entnehmen und mit 5 – 10 ml Merthiolat-Formalin-Lösung mischen (evtl. mit 4 %iger Formaldehydlösung). Duodenalsaft-Untersuchungen selten notwendig. Nur sinnvoll bei sofortiger Untersuchung.

Gonorrhoe

Neisseria gonorrhoeae Gramnegative Diplokokken (semmelförmig)	Kulturell*: Abstrich von Cervix, Vagina, Rektum, Urethra, Pharynx. Unmittelbar nach der Entnahme vorgewärmte Platten beimpfen. Ansonsten Transportmedium verwenden. Bei disseminierter Infektion: aus Blut, Gelenkpunktat, Liquor. Mikroskopisch*: Bei der akuten Gonorrhoe des Mannes ist ein Präparat meist ausreichend: intraleukozytäre Diplokokken. Bei Frauen ist die Mikroskopie allein unzuverlässig.

Histoplasmose

Histoplasma capsulatum Dimorpher Sproßpilz	Kulturell*: Aus Blut, Knochenmark, Liquor, Sputum, Hautläsionen, Urin. Dauer bis zu 6 Wochen. Mikroskopisch: Intrazelluläre Hefen in Knochenmarksausstrichen oder in bioptischem Material.

* Methode der Wahl

Therapie	Bemerkungen

Metronidazol 3 x 250 mg für
5 – 7 Tage

Alternativ:
Tinidazol 2 g als Einzeldosis

Weltweit verbreitet, insbesondere in warmen Ländern. Asymptomatische Träger häufig. Übertragung durch kontaminierte Lebensmittel (Salat, Rohgemüse) und Wasser. Direkte Übertragung bei Kindern möglich.

Clemizol- oder Procain-Penicillin G
4,8 Mill. E i. m. als einmalige Gabe
verteilt auf zwei Injektionsstellen

Alternativ:
CephalosporineII/III z.B.
Ceftriaxon 250 mg i. m.,
Spectinomycin 2 – 4 g i. m.
Fluorochinolone p.o.
1–2 Tabl.

Disseminierte Infektion:

Penicillin G 10 – 20 Mill. E/d i. v.
für 3 Tage, anschließend
Amoxicillin 2 g/d p. o. für 4 Tage
oder Amoxicillin 3 g p. o.
anschließend Amoxicillin 2 g p. o.
für 7 Tage

Weltweit verbreitet.
Häufigste Geschlechtskrankheit.
Inkubationszeit: 2 – 5 Tage.
Patienten, die die Gonorrhoe in Gebieten mit hoher Inzidenz an β-Laktamase produzierenden Gonokokken erworben haben (z. B. Süd-Ost-Asien oder Westafrika), sollten mit Spectinomycin oder Ceftriaxon behandelt werden.
Bei disseminierter Infektion Kultur häufig negativ.

Anonym meldepflichtig

Disseminierte Form:

Amphotericin 0,6 mg/kg/d für etwa 10
Wochen bis zu einer Gesamtdosis von
2 – 3 g

Kommt in Europa so gut wie nicht vor. Endemisch im mittleren Westen der USA. Infektion durch Inhalation von Pilzsporen. Erregerreservoir: Vogelfaeces, kontaminierte Erde und Staub. Nicht übertragbar von Mensch zu Mensch.

Infektion/ Erreger	Nachweisverfahren
Histoplasmose (Fortsetzung)	Hauttest: Histoplasmin-Test kann bei akuter Infektion negativ sein, eher geeignet zum Nachweis einer abgelaufenen Infektion. Serologisch: Präzipitin-Test, KBR

Keuchhusten (Pertussis)

Bordetella pertussis Kleine gramnegative Stäbchen	Kulturell*: Abstrich aus dem Nasopharynx im Stadium catarrhale. Mikroskopisch: Erregernachweis aus dem Nasensekret mittels direkter Immunfluoreszenz.

Kokzidioidomykose

Coccidioides immitis Dimorpher Sproßpilz	Kulturell: Aus Sputum, Bronchialsekret, oberflächlichen Hautläsionen, Gewebsbiopsie, Liquor (nur im Speziallabor) Mikroskopisch: Kugelige Gebilde (Sphaerulae) mit Endosporen darin. Serologisch: Mittels KBR, Gel-Präzipitation, Latexagglutination. Hauttest: Bei disseminierter Infektion häufig Anergie. Nur im Zusammenhang mit klinischem Bild diagnostisch verwertbar. Pilzserologie vor dem Hauttest durchführen (Antikörperinduktion)!

* Methode der Wahl

Therapie	Bemerkungen
	Inkubationszeit: 10 – 18 Tage; bei Reinfektion 3 – 7 Tage. Disseminierte Histoplasmose selten, außer bei Patienten mit herabgesetzter zellulärer Abwehr.
Erythromycin 50 mg/kg/d p. o. für 14 Tage Alternativ: Cotrimoxazol	Antibiotika-Therapie verkürzt nicht das paroxysmale Stadium, verhindert aber die Infektionsübertragung. Übertragung durch Tröpfcheninfektion. Inkubationszeit: 7 – 10 Tage. Chemoprophylaxe mit Erythromycin für 14 Tage bei nicht immunisierten Kontaktpersonen. Die Immunisierung vermittelt keinen lebenslangen Schutz. Meldepflichtig: Tod
Bei disseminierter Infektion: Amphotericin B 1 mg/kg/d (einschleichende Dosierung s. S. 96) für mind. 1 Monat (bei Meningitis zusätzlich intrathecal) Gesamtdosis 1 – 2,5g Alternativ: Miconazol 0,6 – 1,2 g/d (hohe Rezidivrate: 56 – 78 %)	Endemisch in den Süd-West-Staaten der USA sowie in bestimmten Gebieten von Mittel- und Südamerika. Infektion erfolgt durch Inhalation von Arthrosporen (im Staub) oder durch direkten Kontakt mit kontaminierter Erde. Verdachtsdiagnose bei Patienten mit vorherigem, auch kurzfristigem Aufenthalt in endemischen Gebieten. Inkubationszeit: 7 – 30 Tage (gewöhnlich 10 – 16 Tage).

Infektion / Erreger	Nachweisverfahren

Kryptokokkose

Cryptococcus neoformans

Bekapselter Sproßpilz

Kulturell*: Aus Liquor, Bronchialsekret, Lungen-, Knochen- und Hautbiopsie.

Mikroskopisch: Bekapselte Hefen im Tuschepräparat erlauben Verdachtsdiagnose.

Serologisch: Antigennachweis im Liquor und Serum mittels Latex-Agglutinations-Test.

Legionellose

Legionella pneumophila und andere Spezies

Gramnegative aerobe Stäbchen

Mikroskopisch*: Im Bronchialsekret mittels direkter Immunfluoreszenz (Empfindlichkeit etwa 70 %).

Kulturell: Aus Bronchialsekret und Lungengewebe möglich, aber relativ selten positiv. Dauer 3 – 5 Tage.

Serologisch*: Mittels indirekter Immunfluoreszenz.

Leishmaniase

Leishmania donovani
= Viscerale Leishmaniase
  (Kala-Azar)

L. tropica
= Hautleishmaniase
  (Orientbeule)

L. brasiliensis
L. mexicana
= Schleimhautleishmaniase
u. a. Arten

Protozoon (Flagellat)

Mikroskopisch*: Milz-, Leber-, Lymphknoten- und Knochenmarkpunktate bei Kala-Azar. Abstrich vom Rand und Grund einer Beule bei Hautleishmaniase. Giemsa-Färbung.

Kulturell: Möglich auf festen oder in flüssigen Medien

Serologisch: IFT, KBR, ELISA, Agglutination

* Methode der Wahl

Therapie	Bemerkungen
Meningitis und extrapulmonale Kryptokokkose: Amphotericin B 0,3 mg/kg/d i. v. + Flucytosin 150 mg/kg/d p. o. für 6 Wochen (wenn Amphotericin als Monotherapie: 0,6 mg/kg/d i. v., einschleichende Dosierung s. S. 96) Pulmonale Kryptokokkose: Antibiotika-Therapie bei immungeschwächten Patienten, Anzeichen der Disseminierung oder Verschlechterung der Lungenfunktion.	Erregerreservoir: Vogelfaeces (vor allem von Tauben) und kontaminierte Erde. Infektion erfolgt durch Inhalation von kontaminiertem Staub. Keine Übertragung von Mensch zu Mensch. Inkubationszeit: wahrscheinlich einige Wochen
Erythromycin 2 – 4 g/d i. v. oder p. o. für 3 Wochen Alternativ: Neue Chinolone wie Ofloxacin oder Ciprofloxacin wurden erfolgreich eingesetzt.	Erregerreservoir: Wasser, insbesondere Wasserleitungen in Krankenhäusern, Klimaanlagen und Erde. Übertragung auf dem Luftweg. Eine Infektion ist wahrscheinlich bei einem Titer von 1:256 oder bei einem vierfachen Titeranstieg. Inkubationszeit: 2 – 10 Tage. 2 bis 5 % der Pneumonien sind auf Legionellen zurückzuführen.
Kala-Azar: Natriumstibogluconat (Pentostam®) 10 – 15 – 20 mg/kg, bis 800 mg i. v. oder i. m. zwei Kuren mit je 15 Injektionen Alternativ: Pentamidin (Pentacarinat®) Megluminantimonat (Glucantime®) Hautleishmaniase: Pentostam® systemisch und lokal: 1 – 3 ml um die Hautläsionen herum langsam injizieren	L. donovani ist in Indien und im Mittelmeergebiet, L. tropica im Nahen Osten, Mittelmeergebiet, Sudan, Nigeria, Senegal, L. braziliensis in Süd- und Mittelamerika verbreitet. Übertragung erfolgt durch verschiedene Sandmückenarten. Erregerreservoir: Hunde und Nager.

Infektion / Erreger	Nachweisverfahren

Leishmaniase (Fortsetzung)

Lepra

Mycobacterium leprae

Säurefeste Stäbchen

Mikroskopisch: In Abstrichen von Hautläsionen und Haut- und Schleimhautbiopsien Nachweis von säurefesten Stäbchen mittels Ziehl-Neelsen-Färbung.

Leptospirose

Leptospira interrogans
mit 19 Serogruppen

Zarte Spirochäten

Kulturell: Aus Blut oder Liquor in der 1. Krankheitswoche. Ab der 2. Woche evtl. aus frischem, steril entnommenem Urin. Dauer einige Wochen.

Serologisch*: AK-Nachweis mittels Agglutination-Lysis-Reaktion.
KBR möglich, aber weniger empfindlich.

* Methode der Wahl

Therapie	Bemerkungen
Alternativ für beide Formen: Metronidazol Schleimhautleishmaniase: Amphotericin B	
Dapsone 50 – 100 mg/d p. o. + Clofazimin 50 mg/d p. o. (300 mg 1 x monatlich unter Kontrolle) + Rifampicin 600 mg p. o. 1 x monatlich unter Kontrolle Mindesttherapiedauer: 2 Jahre Alternativ zu Clofazimin: Prothionamid.	Nur noch in Ländern der dritten Welt. Übertragung hauptsächlich durch Nasensekret und offene Hautläsionen infizierter Personen. Inkubationszeit Monate bis mehrere Jahre (gewöhnlich 3 – 5 Jahre). Kombinationstherapie verhindert Resistenzentwicklung und verkürzt die Therapiedauer. Therapie erst beenden, wenn in Hautbiopsien keine säurefesten Stäbchen mehr nachweisbar sind. Meldepflichtig: Krankheitsverdacht, Erkrankung, Tod.
Penicillin G 5 – 10 Mill. E/d für eine Woche oder Doxycyclin 0,2 g/d	Weltweit verbreitet hauptsächlich in warmen Ländern. Übertragung durch direkten oder indirekten Kontakt mit Urin infizierter Säugetiere. Inkubationszeit gewöhnlich 10 – 14 Tage. Antibiotika-Therapie ist nur wirksam, wenn sie in den ersten vier Tagen der Erkrankung begonnen wird. Zur Prophylaxe Doxycyclin 0,4 g einmal pro Woche. Meldepflichtig: Erkrankung, Tod.

Infektion / Erreger	Nachweisverfahren

Listeriose

Listeria monocytogenes

Grampositive, kokkoide Stäbchen

Kulturell*: Material je nach Manifestation: Blut, Liquor, Mekonium, Plazenta, Stuhl

Serologisch: Methoden unzuverlässig.

Lues (Syphilis)

Treponema pallidum

Spirochäten

Mikroskopisch: Im Sekret vom Primäraffekt oder von syphilitischen Kondylomen Spirochäten im Dunkelfeld sichtbar.

Serologisch*:
a) Lues-spezifische Antikörper:
 TPHA- Test
 FTA-ABS-Test
 FTA-ABS-IgM-Test

b) Unspezifische Cardiolipin-AK:
 VDRL
 Cardiolipin-KBR
 (AK-Nachweis auch im Liquor bei Neurosyphilis

* Methode der Wahl

Therapie	Bemerkungen

Ampicillin 6 – 12 g/d
Kombination mit Aminoglykosid
synergistisch und deshalb
sinnvoll

Der Keim ist in der Umwelt weit verbreitet. Kleine Epidemien durch kontaminierte Nahrung (Milch, Käse) sind beschrieben worden. Die Erkrankung kommt am häufigsten bei Immungeschwächten und Neugeborenen vor. Kein spezifisches Krankheitsbild, am häufigsten Meningitis. Bei Neugeborenen Sepsis, Exanthem, bedingt durch vaginale oder rektale Besiedlung der Mutter.

Meldepflichtig: angeborene Erkrankung, Tod.

Lues I, II, III:
Depot-Penicillin 1 Mill. E/d i. m.
für 15 Tage

Lues I, II:
Benzathin-Penicillin G in einmaliger
Dosis, je 1,2 Mill. E i. m. an zwei
verschiedenen Stellen

Alternativ:
Tetracyclin 2 g/d p. o. für 20 Tage
oder Erythromycin 2 g/d p. o. für
20 Tage oder Cefuroxim 2 g/d i. m.
für 2 Wochen

Ein positiver TPHA-Test muß durch den FTA-ABS-Test bestätigt werden zur Sicherung der Diagnose. Beide Tests bleiben lebenslang positiv auch trotz adäquater Therapie. Der FTA-ABS-IgM-Test ermöglicht den Nachweis einer frischen Infektion.
Ein hoher Cardiolipin-AK-Titer weist auf eine frische Infektion hin und kann als Maßstab für den Therapieerfolg (Titerabfall) gewertet werden.
Inkubationszeit: 10 – 90 Tage.

Anonym meldepflichtig

Infektion / Erreger	Nachweisverfahren

Lyme-Krankheit

Borrelia burgdorferi	Serologisch*: IFT
	Kreuzreaktionen mit anderen Spirochäten
Spirochäten	z. B. T. pallidum (VDRL-Test negativ bei Lyme-Krankheit)

Lymphogranuloma inguinale

Chlamydia trachomatis	Mikroskopisch: Erregernachweis mittels monoklonalen Antikörpern im DFT.
Obligat intrazelluläre, kleine Bakterien	Kulturell: Abstrich der Genitalläsion (nur in 30 % der Fälle positiv)
	Serologisch*: KBR, IFT

Malaria

Plasmodium falciparum (Malaria tropica)	Mikroskopisch*: Blutausstrich und „Dicker Tropfen"
P. vivax (Malaria tertiana)	Am besten eignet sich frisches Kapillarblut. Vor der Therapie entnehmen. Fieber nicht abwarten, Parasiten jederzeit nachweisbar.
P. ovale (Malaria tertiana ähnlich)	
P. malariae (Malaria quartana)	
Protozoon	

* Methode der Wahl

Therapie	Bemerkungen
In der Frühphase: (Erythema chronicum migrans) Tetracyclin 1 g/d p.o. für 10 – 20 Tage Alternativ: Phenoxypenicillin 2 – 3 Mill. E/d p.o. oder Erythromycin 1 g/d p. o. Lyme-Arthritis, -Meningitis: Penicillin G 20 Mill. E/d i. v. für 10 Tage	Endemisch in USA und Mitteleuropa. Übertragung durch Zeckenbiß. Am häufigsten im Sommer. Inkubationszeit: 3 – 32 Tage. Antibiotikabehandlung in der Frühphase der Erkrankung kann Spätkomplikationen verhindern. Bei ZNS-Beteiligung hat sich auch Ceftriaxon bewährt.
Doxycyclin 0,2 g/d p. o. für 3 Wochen Alternativ: Erythromycin 2 g/d p. o.	Verbreitet in tropischen und subtropischen Ländern, vor allem in Gebieten mit unzureichenden hygienischen Verhältnissen. Übertragung ausschließlich durch Geschlechtsverkehr. Inkubationszeit: 3 – 21 Tage. Anonym meldepflichtig:
Chloroquin (Resochin®) 0,6 g initial nach 6 Stunden 0,3 g, nach 12 Stunden 0,3 g, nach 24 Stunden 0,3 g Alternativ bei Chloroquinresistenz: Pyrimethamin/Sulfadoxin (Fansidar®) 1 x 3 Tabletten oder Mefloquin (Lariam®) 750 mg initial, nach 6 (-8) Stunden 500 mg nach 6 (-8) Stunden 250 mg oder Fansimef® (Fansidar® + Lariam®)	Verbreitet in tropischen Ländern. Zunehmend häufiger auch in Mitteleuropa bei Tropenrückkehrern. Die Infektion erfolgt durch den Stich der weiblichen Anopheles-Mücke, die in der Dämmerung und nachts fliegt. Die medikamentöse Prophylaxe bietet keinen hundertprozentigen Schutz! Gut wirksam ist mechanischer Mückenschutz.

Infektion / Erreger	Nachweisverfahren

Malaria (Fortsetzung)

Milzbrand

Bacillus anthracis Grampositive, aerobe, sporenbildende Stäbchen	Kulturell*: Je nach Manifestion der Infektion sind geeignet: Flüssigkeit aus den Bläschen, Gewebebiopsie, Sputum, Bronchialsekret, Stuhl, Blut, Liquor. Mikroskopisch: Verdachtsdiagnose mittels Grampräparat.

Nocardiose

Nocardia asteroides N. brasiliensis u. a. Grampositive aerobe Fäden und Stäbchen	Kulturell*: Sputum, Bronchialaspirat, Pleurapunktat, Lungenbiopsie-Material, Liquor, Abszeßpunktat. Nachweis kann längere Zeit in Anspruch nehmen. Mikroskopisch: Mittels Ziehl-Neelsen-Färbung lassen sich manchmal säurefeste Stäbchen nachweisen (ist jedoch nicht diagnostisch beweisend).

* Methode der Wahl

Therapie	Bemerkungen
Bei der lebensbedrohlichen Malaria tropica ist Chinin (Chlorid oder Sulphat) Mittel der Wahl: 20 – 25 mg/kg in zwei langsamen Infusionen über 24 Stunden	Chloroquin-Resistenz bisher nur bei P. falciparum aufgetreten (Asien und Afrika). Meldepflichtig: Erkrankung, Tod.
Bei Hautmilzbrand Penicillin G 5 – 8 Mill. E/d i. v. für 1 – 2 Wochen, bei übrigen Formen 20 Mill. E/d mind. 4 Wochen Alternativ: Tetracycline Erythromycin Chloramphenicol	Als Zoonose endemisch in warmen Ländern bei Schafen, Rindern, Schweinen, Ziegen, Pferden. Milzbrand des Menschen kommt in Deutschland selten vor. Infektion erfolgt durch Kontakt mit Tieren und kontaminierten Tierprodukten. Inkubationszeit: 2 – 7 Tage. Isolierung von hospitalisierten Patienten. Handschuhe! Meldepflichtig: Krankheitsverdacht, Erkrankung, Tod.

Sulfadiazin 6 – 12 g/d evtl. + Amikacin
    oder
  Cotrimoxazol
    oder
  Fusidinsäure
für 3 – 6 Monate
 	
Alternativ:
Minocyclin
	In Deutschland selten. Häufig bei immungeschwächten Patienten. Primärmanifestation meistens pulmonal, ZNS-Beteiligung in 25 – 30 %. Mortalität ca. 50 %. Erregerreservoir: Erde Infektion durch Inhalation

Infektion/ Erreger	Nachweisverfahren

Ornithose (Psittakose)

Chlamydia psittaci

Obligat intrazellulläre, sehr kleine Bakterien

Kulturell: Möglich, aber nur in Speziallaboratorien, da die Anzüchtung sehr schwierig ist.

Serologisch*: KBR

Oxyuriasis

Enterobius vermicularis
= Madenwurm

Mikroskopisch*: Nachweis von Eiern im Analabstrich. Hierzu werden am besten Cellophanklebestreifen morgens oder gegen Mitternacht auf den After aufgedrückt und dann abgezogen. Gelegentlich können die Madenwürmer im Stuhl makroskopisch gesichtet werden; Länge etwa 10 mm. Stuhluntersuchung auf Eier ungeeignet.

Pneumocystis-Pneumonie

Pneumocystis carinii

Protozoon

Mikroskopisch*: Material am besten durch bronchoalveoläre Lavage gewinnen. Eventuell Biopsie. Sputumuntersuchungen sinnlos. Das entnommene Material kann bis zu 2 Tagen im Kühlschrank gelagert werden. Besser: innerhlab von wenigen Stunden einem Speziallabor zustellen.

* Methode der Wahl

Therapie	Bemerkung
Doxycyclin 0,2 g/d für 2 Wochen Alternativ: Chloramphenicol	Weltweit verbreitet. Etwa 300 Erkrankungen/Jahr in der BRD. Übertragung durch Inhalation von durch Vogelexkremente kontaminiertem Staub. Keine Übertragung von Mensch zu Mensch. Inkubationszeit: 1 – 2 Wochen. Meldepflichtig: Krankheitsverdacht, Erkrankung, Tod.
Pyrviniumembonat (Molevac®) 7,5 mg/kg als Einmaldosis Alternativ: Mebendazol (Vermox®) Pyrantel (Helmex®) Eine wiederholte Untersuchung und gegebenenfalls erneute Therapie nach zwei Wochen.	Der Madenwurm ist weltweit einer der häufigsten Wurmparasiten des Menschen, besonders der Kinder. Ansteckung durch (1.) Selbstinfektion, (2.) kontaminierte Hände oder (3.) durch Staub und kontaminiertes Rohgemüse. Zur Eiablage kriechen die Würmer aus der Afteröffnung heraus, um Tausende von Eiern auf der Analhaut abzusetzen. Prophylaxe: Nach dem Stuhlgang Hände waschen mit Seife und Nagelbürste. Bett- und Leibwäsche 8 Tage lang häufig wechseln und auskochen. Mehrere Kontrolluntersuchungen notwendig.
Sulfamethoxazol (100 mg/kg/d) + Trimethoprim (20 mg/kg/d) für 2 – 3 Wochen Alternativ: Pentamidin-Isethionat (Pentacarinat®) 3 – 4 mg/kg/Tag i. m/i.v. Neuer Therapieansatz: Aerosol-Inhalation von Pentacarinat® (auch zur PCP-Prophylaxe geeignet)	Früher überwiegend bei Säuglingen, z. Zt. häufigste opportunistische Infektion bei AIDS-Patienten. Weltweit verbreitet. Befall der Lunge bei Gesunden 50 – 80 %.

| Infektion /
Erreger	Nachweisverfahren

Q-Fieber

Coxiella burnetii

Serologisch*: KBR, IFT

Rickettsienart =
kokkoide, kleine, obligat
intrazelluläre Bakterien

Tierversuch Erregernachweis durch intraperitoneale Inokulation von Blut möglich (nur in Speziallabors!)

Ruhr (bakteriell)

Shigella sonnei
" flexneri
" dysenteriae
" boydii

Gramnegative Stäbchen

Kulturell*: Aus Stuhlprobe oder Rektalabstrich.
Ist eine sofortige Untersuchung der Probe nicht möglich, gepuffertes Transportmedium verwenden: 30 % Glyzerin in 0,6 %iger NaCI-Lösung.

* Methode der Wahl

Therapie	Bemerkungen
Doxycyclin i. v. oder p. o. initial 0,2 g, dann 0,1 g/d für 10 – 14 Tage Alternativ: Chloramphenicol	Weltweit verbreitet. In manchen Gebieten der USA, Australiens, Englands und des Mittelmeerraumes endemisch. In der BRD selten. Infizierte Tiere (Schafe, Ziegen, Rinder) scheiden Rickettsien über Urin, Milch und Geburtswege aus. Infektion des Menschen durch Inhalation von kontaminiertem Staub oder Verzehr von roher Milch. Inkubationszeit: 2 – 4 Wochen Bei klinisch manifester Endokarditis mit wiederholt negativen Blutkulturen sollte auch an Q-Fieber gedacht werden (Serologie!). Meldepflichtig:Erkrankung, Tod.
Cotrimoxazol 2 x 2 Tabl. à 80/400 mg pro Tag für 5 Tage Alternativ: Ampicillin (nicht Amoxicillin!) Fluorochinolone Auch Patienten mit milder Verlaufsform antibiotisch therapieren.	Ausschließlich menschenpathogen. Übertragung durch kontaminierte Lebensmittel. Dauerausscheider sind seltener als bei der Salmonellose. Inkubationszeit: 2 – 4 Tage. Antibiotika-Therapie verkürzt die Dauer der Diarrhoe und eliminiert den Erreger aus dem Stuhl, wodurch die Ausbreitung der Infektion verhindert wird. Meldepflichtig: Verdacht, Erkrankung, Tod.

Infektion / Erreger	Nachweisverfahren

Scharlach

A-Streptokokken

Grampositive Kettenkokken

Kulturell*: Rachenabstrich

Immunologisch: Streptokokken-Antigen-Nachweis direkt aus dem Rachenabstrich

Schistosomiasis (Bilharziose)

Schistosoma haematobium
(Blasenbilharziose,
Ägyptische Hämaturie)

Mikroskopisch*: Untersuchung von Stuhl bzw. Urin

Serologisch: KBR, IHA, IFT, Latextest u. a.

S. mansoni
(Darmbilharziose)

S. japonicum
(asiatische Darmbilharziose)

Trematoden, Saugwürmer

Schlafkrankheit

Trypanosoma brucei
T. gambiense
T. rhodesiense

Mikroskopisch*: Im Blut, Liquor oder Punktat vergrößerter Lymphknoten

Serologisch*: KBR, IFT, ELISA, Gesamt IgM-Erhöhung

Protozoon

* Methode der Wahl

Therapie	Bemerkungen
Penicillin V p. o. Kinder: 50.000 E/kg/d Erwachsene: 1,2 Mill. E/d für 10 Tage oder Benzathin-Penicillin G i. m. Kinder: 50.000 E/kg/d Erwachsene: 1,2 Mill. E als Einmalgabe Alternativ: orale Cephalosporine Erythomycin,	Scharlach wird von A-Streptokok-ken-Stämmen hervorgerufen, die erythrogenes Toxin bilden. Übertragung durch Schmier- oder Tröpfcheninfektion. Inkubationszeit: 1 – 3 Tage. Die Bestimmung des Antistreptoly-sin-0-Titers ist nicht geeignet für die Diagnose einer akuten Streptokokkeninfektion. Meldepflichtig: Tod.
Praziquantel (Biltricide®, Cesol®) 3 Dosen à 20 mg/kg in 4 – 6 stündigem Abstand. Alternativ: Oxamniquin (Mansil®) 15 mg/kg p. o. als Einmaldosis	Weit verbreitet in den Tropen. Die mit dem Stuhl (S. mansoni, S. japonicum) oder Urin (S. haematobium) ausgeschiedenen Eier enthalten Larven, die im Süßwasser eine geeignete Schnecke finden müssen. Nach dieser Zwischenwirtentwicklung können die Zerkarien perkutan wieder Menschen infizieren oder beim Trinken von verseuchtem Wasser durch die Schleimhaut eindringen. Vorbeugung: In den Tropen nicht in Süßwasser baden!
Suramin (Germanin®) Wegen möglicher Nebenwirkungen erst 0,2 g Testdosis langsam i. v. injizieren, dann 1 g Tagesdosis am 1., 3., 7., 14. und 21. Tag Alternativ: Pentamidin (Pentacarinat®) Therapie nur im 1. Stadium geeignet. Bei Liquorbefall Suramin und Pentamidin nicht wirksam: Melarsoprol (Arsobal®, MelB®) verwenden.	Verbreitet im tropischen Afrika. Übertragung durch Tsetsefliege.

Infektion / Erreger	Nachweisverfahren

Tetanus

Clostridium tetani

Grampositive, anaerobe, sporenbildende Stäbchen

Kulturell: Aus Wundabstrichen.
Nur in $1/3$ der Fälle gelingt der Nachweis.
Klinische Diagnose steht im Vordergrund.

Tierversuch: Toxinnachweis durch Inokulation von Patientenserum bzw. toxinhaltigem Material.

Toxoplasmose

Toxoplasma gondii

Protozoon

Serologisch*: Antikörpernachweis hat eine dominierende Bedeutung:
Sabin-Feldman-Test, KBR, IFT, ELISA u. a.

Mikroskopisch bzw. im Tierversuch läßt sich der Erreger gelegentlich direkt nachweisen. Untersuchungsmaterial: Liquor, Lymphknoten u. a. Biopsiematerial.

* Methode der Wahl

Therapie	Bemerkungen

Tetanus-Immunglobulin
(Tetagam® S) 5.000 – 10.000 IE i. m.
am 1. Tag, danach 3.000 IE/d.
Dauer je nach Krankheitsbild.
Penicillin G 5 – 10 Mill. E/d i. v.
für 10 Tage

Alternativ:
Rolitetracyclin

Symptomatische Therapie:
Sedierung, Muskelrelaxantien,
evtl. Beatmung

Prophylaxe bei Verletzungen:
Bei vollständig Immunisierten
Tetanus-Toxoid (Tetanol®)
Booster-Dosis 0,5 ml, wenn letzte
Impfstoffgabe 3 – 5 Jahre zurückliegt.
Bei unvollständig oder nicht Immunisierten zusätzlich zum Impfstoff 250 IE
Tetanus-Immunglobulin (Tetagam®)
verabreichen.

C. tetani gehört zur normalen Darmflora des Menschen und der Tiere und ist ubiquitär. Eintrittspforte: Hautverletzungen (oft unbemerkt), tiefe Wunden mit nekrotischem Gewebe (anaerobes Milieu).
Inkubationszeit: 3 – 21 Tage
(gewöhnlich 8 – 14 Tage)
Antibiotikum tötet vegetative Form der Bakterien ab, wodurch die weitere Toxinbildung verhindert wird.

Meldepflichtig: Erkrankung, Tod.

Sulfadiazin 2 – 4 g/d +
Pyrimethamin (Daraprim®) 1 mg/kg
die ersten 3 Tage und danach
0,3 mg/kg. Kombinationstherapie
für insgesamt 3 – 4 Wochen.
5 g frische Hefe oder 5 mg Folsäure
täglich empfehlenswert.

Alternativ:
Spiramycin 6 Mio. IE/d oder
Clindamycin 1,2 g/d

Übertragung durch (1) Genuß von zystenhaltigem, rohem Fleisch, insbesondere Schweinefleisch (2) orale Aufnahme von Oozysten, die mit Katzenkot ausgeschieden werden (3) intrauterin.
Prophylaxe: Schwangere, die serologisch negativ sind, sollen kein rohes Fleisch essen, Kontakt mit Katzen meiden, häufiger Händewaschen, etwa nach Gartenarbeit. Gefährdung nur bei Erstinfektion.

Meldepflichtig:
Angeborene Erkrankung, Tod.

Infektion / Erreger	Nachweisverfahren

Trachom

Chlamydia trachomatis

Obligat intrazelluläre, sehr kleine Bakterien

Mikroskopisch*: Im Konjunktivalabstrich Nachweis von zytoplasmatischen Einschlußkörperchen mittels Giemsa-Färbung oder direkter Immunfluoreszenz.

Kulturell*: Aus Konjunktivalabstrich bzw. -geschabsel Anzüchtung des Erregers in Zellkulturen möglich.

Serologisch: IFT

Trichinellose

Trichinella spiralis
= Fadenwurm

Mikroskopisch: In der Anfangsphase ist es unter Umständen möglich, die Trichinellen-Larven im Blut nachzuweisen, in der chronisch-rheumatischen Phase in der Muskulatur (Biopsie).

Serologisch*: Mittels IFT, KBR, Präzipitationstest, Hauttest, IHA, Latex-Test u. a.

Trichomoniasis

Trichomonas vaginalis

Protozoon (Flagellat)

Mikroskopisch*: Untersuchung von Vaginal- oder Urethralabstrichen unmittelbar nach der Entnahme im Dunkelfeld oder Phasenkontrast. Nicht abkühlen lassen, evtl. Objektträger vorwärmen.

Kulturell: Zuverlässige Methode, wenn geeignete, flüssige Medien verwendet werden.

* Methode der Wahl

Therapie	Bemerkungen
Erwachsene: Doxycyclin 0,2 g/d p. o. für 3 Wochen Alternativ: Erythromycin 2 g/d p. o. Kinder: Erythromycin 50 mg/kg/d	Vorwiegend in warmen Ländern unter schlechten hygienischen Verhältnissen. Häufigste Ursache für Blindheit. Übertragung durch Schmierinfektion. Die Einschlußkonjunktivitis ist eine mildere Form der Augeninfektion und wird durch andere Serotypen von C. trachomatis verursacht, die im Genitaltrakt vorkommen. Infektion bei Neugeborenen via Geburtskanal oder Schwimmbadkonjunktivitis. Inkubationszeit: 5 – 7 Tage. Meldepflichtig: Erkrankung, Tod.
Tiabendazol (Minzolum®) 25 – 50 mg/kg/d für 4 Tage; Höchstdosis Erwachsene 3 g Alternativ: Mebendazol (Vermox®) 20 – 40 mg/kg/d für 2 – 3 Wochen.	Infektionsquelle meist rohes oder ungenügend gekochtes Schweinefleisch, das Muskeltrichinen enthält (evtl. Wildschwein, Bären, Wild). Fast immer handelt es sich um eine Gruppenerkrankung! Meldepflichtig: Erkrankung, Tod.
Metronidazol (Clont®, Flagyl®) 2 g als Einmaldosis p. o. Sexualpartner mitbehandeln!	Weltweit verbreitet als Erreger der Trichomonas-Vaginitis. Vorwiegend sexuelle Übertragung. Ansteckung in Schwimmbädern unwahrscheinlich, da der Erreger duch die vorgeschriebene Chlorierung zugrundegeht.

Infektion / Erreger	Nachweisverfahren

Trichuriasis

Trichuris trichura
= Peitschenwurm

Mikroskopisch*: Untersuchung des Stuhls auf Eier.

Tuberkulose

Mycobacterium tuberculosis, seltener M. bovis

Säurefeste, schlanke Stäbchen

Mikroskopisch*: Aus Körperflüssigkeiten und Gewebebiopsien mittels Ziehl-Neelsen- oder Fluoreszenzfärbung. Zuverlässig nur bei hoher Keimzahl, etwa ab 10^5/ml. Vorteil: schnelle Verdachtsdiagnose. Negativer Befund schließt Tuberkulose nicht aus!

Kulturell*: Aus Sputum, Bronchialsekret, Magensaft, Urin, Liquor, Pleuraexsudat, Eiter, Gewebebiopsie. Kultureller Nachweis zur endgültigen Diagnose erforderlich.
Dauer 3 – 10 Wochen.

Hauttest: Tuberkulin-Test wird positiv 2 – 10 Wochen nach Infektion. Nach BCG-Impfung bleibt er 5 – 10 Jahre positiv. Falsch negativ bei Anergie, Kortikosteroid-, Zytostatika-Therapie, Masern, AIDS. Falsch positiv bei atyp. Mykobakterien.

Tierversuch: Inokulation der Proben in Meerschweinchen.
Dauer 6 – 8 Wochen

* Methode der Wahl

Therapie	Bemerkungen
Mebendazol (Vermox®) 2 x 100 mg/d 3 Tage lang Alternativ: Pyriviniumembonat (Molevac®) 5 – 10 mg/kg als Einmaldosis oder 0,5 – 1 mg/kg/d 6 Tage lang	Weltweit verbreitet, insbesondere in tropischen Ländern. 30 – 60 % der Bevölkerung sind infiziert. Übertragung durch Lebensmittel, insbesondere Gemüse, die mit larvenhaltigen Eiern kontaminiert sind. Befall des Dickdarms häufig symptomlos.
Zur Erstbehandlung 3 Alternativen: Standardtherapie: INH 300 mg/d + Rifampicin 600 mg/d für 9 – 12 Monate plus in den ersten 2 – 3 Monaten Ethambutol 15 mg/kg/d oder Streptomycin 1 g /d intermittierende Standardtherapie: Die ersten 2 – 3 Monate 3er Kombination mit täglicher Einnahme wie oben, danach Rifampicin 600 mg + INH 900 mg 2 x wöchentlich für insgesamt 9 – 12 Monate Kurzzeittherapie: Rifampicin 600 mg/d + INH 300 mg/d + Pyrazinamid 30 mg/kg/d + Streptomycin 1 g/d für 2 Monate, danach Rifampicin + INH für weitere 4 Monate Zur Rezidivbehandlung: 3er Kombination, wobei zwei der Präparate noch nicht bei der Erstbehandlung verwendet worden sein sollten. Antibiogramm beachten!	Übertragung fast ausschließlich durch Tröpfcheninfektion. Ansteckungsgefahr besteht, solange im Sputum säurefeste Stäbchen nachweisbar sind. Gewöhnlich ist der Patient zwei Wochen nach Beginn der Chemotherapie nicht mehr ansteckend. Bis dahin Isolierung! Nach 1 – 2 Monaten Therapie Kontrolluntersuchung des Sputums. Bei Erregerpersistenz möglicherweise Resistenzentwicklung! Meldepflichtig: Erkrankung (aktive Form), Tod.

| Infektion / | |
| Erreger | Nachweisverfahren |

Tularämie

Francisella tularensis

Gramnegative, kokkoide
Stäbchen

Serologisch*: Nachweis von Serum-Agglutininen oder indirekte Hämagglutination

Kulturell: Aus Sputum, Bronchialsekret, Exsudat von Hautläsionen, Lymph-Drainage (nur in Speziallabors)

Tierversuch: Inokulation von Untersuchungsmaterial in Meerschweinchen (nur in Speziallabors)

Typhus, Paratyphus

Salmonella typhi
Salmonella paratyphi
A, B, C

Kulturell*: Aus Blut, Stuhl, Urin, Knochenmark. Mehrere Blutkulturen empfehlenswert.

Gramnegative Stäbchen

Serologisch: Widalsche Reaktion (Agglutination).

* Methode der Wahl

Therapie	Bemerkungen
Gentamicin 5 mg/kg/d für 7 – 10 Tage bei schwerem Verlauf kombinieren mit Doxycyclin 0,2 g/d	In Nordamerika und Osteuropa verbreitet bei vielen Tierarten, insbesondere bei Nagern. Übertragung hauptsächlich durch Zecken. Infektion auch möglich durch direkten Kontakt mit infizierten Tieren, kontaminierte Nahrungsmittel und Wasser. Inkubationszeit: 3-5 Tage (-21 Tage) Meldepflichtig: Verdacht, Erkrankung, Tod
Cotrimoxazol 3 x 160/800 mg oder bei schweren Verlaufsformen Chloramphenicol 30 – 50 mg/kg/d in 4 Dosen Therapiedauer 10 – 14 Tage. Alternativ: Amoxicillin oder Fluorochinolone	Typhus und Paratyphus B sind weltweit verbreitet. Paratyphus A in tropischen und subtropischen Ländern. Das Erregerreservoir ist der Mensch, insbesondere Dauerausscheider. Ansteckung meist über kontaminierte Lebensmittel. Stationäre Patienten müssen isoliert werden. Schutzimpfung mit lebenden Typhusbakterien möglich, jedoch von fraglichem Wert. Inkubationszeit: 1 – 3 Wochen. Meldepflichtig: Verdacht, Erkrankung, Tod, sowie gesunde Ausscheider.

Antibiotika-Prophylaxe in der Chirurgie

	Empfohlenes Antibiotikum
Allgemeinchirurgie Gallenwegseingriffe	Cefazolin* 2 g i. v., präoperativ**
Dickdarmchirurgie	Cefoxitin 2 g i. v., präoperativ evtl. nach 3 – 4 Stunden weitere Dosis
Appendektomie	Cefoxitin 2 g i. v., präoperativ
Gastrektomie	Cefoxitin 2 g i. v., präoperativ
Gynäkologie Kaiserschnitt	Cefazolin* 2 g i. v. nach dem Abnabeln
Kürettage Abort im 2. Trimester	Cefazolin* 1 g vor dem Eingriff plus 2 x 1 g im Abstand von 6 Stunden
Induzierter Abort im 1. Trimester bei Patientinnen mit Adnexitiden in der Anamnese	Penicillin G 2 Mio. E vor und drei Stunden nach dem Eingriff
Abdominale oder vaginale Hysterektomie	Cefazolin* 2 g i. v. präoperativ

* oder ein anderes preiswertes Cephalosporin der 1. oder 2. Generation

Alternativen	Bemerkungen
Gentamicin/Tobramycin 80 mg i. v., präoperativ	Nur bei Risikopatienten (Alter über 60, kompliziertes Gallensteinleiden, akute Symptome oder Ikterus in der Anamnese)
Mezlocillin 5 g präoperativ i.v. plus Tobramycin/ Gentamicin 80 mg i. v., präoperativ	Diese Empfehlungen gelten für alle Eingriffe mit Eröffnung des Dickdarms.
Metronidazol 500 mg i. v., präoperativ	Bei Perforation ist eine Therapie über 3 bis 5 Tage erforderlich. Metronidazol muß dann mit einem Cephalosporin kombiniert werden.
Wie bei Dickdarmchirurgie	Bei Magenresektion Prophylaxe nur bei Patienten mit hohem Risiko (blutendes Duodenalulkus, Magenulkus, Magenkarzinom, Adipositas). Patienten mit chronischen unkomplizierten Duodenalulzera benötigen keine Prophylaxe.
Metronidazol 500 mg i. v.	Bei unkomplizierten elektiven Eingriffen ist keine Prophylaxe erforderlich. Die Wirksamkeit vieler anderer Antibiotika wurde nachgewiesen.
Metronidazol 400 mg präoperativ und 2 Dosen im Abstand von 4 Stunden	Unkomplizierte Kürettage erfordert keine Antibiotika-Prophylaxe.
Doxycyclin 200 mg i. v. präoperativ	

** präoperativ bedeutet: Antibiotikagabe bei Einleitung der Anästhesie, d. h. etwa 30 min. vor dem Eingriff.

	Empfohlenes Antibiotikum
Thorax- und Gefäßchirurgie	
Mediane Sternotomie, Koronar- und Herzklappenchirurgie	Cefazolin* 2 g i. v. präoperativ** und nach 2 Stunden
Lobektomie und Pneumonektomie	Cefazolin* 2 g i. v. präopertiv
Eingriffe an peripheren Gefäßen	Cefazolin* 2 g i. v. präoperativ
Beinamputation	Cefoxitin 2 g i. v. präoperativ
Neurochirurgie	
Liquor-Shunt-Operationen	Cotrimoxazol 160/800 mg i. v., präoperativ und 2 x in Abständen von 12 Stunden
Kraniotomie	Clindamycin 600 mg i. v. präoperativ oder Vancomycin 1 g i. v. plus Gentamicin/Tobramycin 80 mg i. m. präoperativ
Orthopädie	
Arthroalloplastik, einschließlich Reposition	Cefazolin* 2 g i. v., präoperativ
Offene Fraktur	

* oder ein anderes preiswertes Cephalosporin der 1. oder 2. Generation

Alternativen	Bemerkungen
Vancomycin 15 mg/kg i. v. präoperativ	Die Gabe von Antibiotika über einen Tag hinaus führt nicht zu einer Senkung der Infektionsrate.
	Bei Eingriffen an der A. carotis ist die Wirksamkeit einer Antibiotika-Prophlyaxe nicht erwiesen. Eine Prophylaxe ist indiziert bei hohen Infektionsraten.
Cefazolin* 2 g präoperativ	In Kliniken mit niedrigen Infektionsraten (< 10 %) ist keine Prophylaxe notwendig.
	Nur bei Eingriffen mit hohem Risiko (explorative Reoperation, Mikrochirurgie).
	Keine Prophylaxe möglich, höchstens antezipierende Therapie (2 g Cefazolin*) im Notarztwagen, 2 g bei Einleitung der Anästhesie.

** präoperativ bedeutet: Antibiotikagabe bei Einleitung der Anästhesie, d. h. etwa 30 min. vor dem Eingriff.

Endokarditis-Prophylaxe

1. Risikogruppen:

a) Hohes Endokarditis-Risiko: Herzklappenprothesen, Zustand nach bakterieller Endokarditis

b) Mäßiges Endokarditis-Risiko: Kongenitale Hervitien (Ausnahme: Vorhofseptumdefekt), Rheumatische Klappenvitien, Palliativ bzw. inkomplett korrigierte Klappenvitien, Mitralklappenprolaps mit Mitralinsuffizienz, Hypertrophe obstruktive Kardiomyopathie

2. Indikationen:

a) Eingriffe am Oropharynx und Respirationstrakt: Zahnärztliche Eingriffe mit möglicher Gingivablutung, Tonsillektomie / Adenotomie, chirurgische Eingriffe oder Biopsien der oberen Luftwege, starre Bronchoskopie

b) Eingriffe am Urogenitaltrakt: Zystoskopie, chirurgische Eingriffe, Blasenkatheterisierung

c) Eingriffe am Gastrointestinaltrakt: Chirurgische Eingriffe an Kolon und Gallenwegen, Ösophagusdilatation, Sklerosierung von Ösophagusvarizen, Koloskopie, Gastroduodenoskopie mit Biopsie, Proktosigmoidoskopie mit Biopsie

d) Inzision und Drainage infektiöser Herde

3. Antibiotikaprophylaxe:

Eingriffe	Mäßiges Risiko	Hohes Risiko
Oropharynx und Respirationstrakt	Penicillin V 2 g p. o. 1 Std. vor dem Eingriff, nach 6 Std. 1 g oder Penicillin G 2 Mill. E i.v. oder i. m. $^1/2 - 1$ Std. vor dem Eingriff, nach 6 Std. 1 Mill. E Bei Penicillinallergie: Erythromycin 1 g p. o. 1 Std. vor dem Eingriff, nach 6 Std. 500 mg	Ampicillin 1 – 2 g i. m. oder i.v. + Tobramycin 1,5 mg/kg i.m. oder i.v. $^1/2$ Std. vor dem Eingriff, entweder nach 8 Std. wiederholen oder nach 6 Std. Penicillin V 1 g p. o. Vancomycin 1 g i. v., Infusionsbeginn 1 Std. vor dem Eingriff, keine zweite Dosis notwendig
Urogenital- und Gastrointestinaltrakt	Ampicillin 2 g i. m. oder i. v. + Tobramycin 1,5 mg/kg i. m. oder i. v. $^1/2$ Std. vor dem Eingriff, evtl. nach 8 Std. wiederholen Bei kleineren Eingriffen: Amoxicillin 3 g p. o. 1 Std. vor dem Eingriff, nach 6 Std. 1,5 g Bei Penicillinallergie: Vancomycin 1 g i. v. + Tobramycin 1,5 mg/kg i. v. oder i. m. 1 Std. vor dem Eingriff, evtl. nach 8 – 12 Std. wiederholen	Ampicillin 2 g i. m. oder i. v. + Tobramycin 1,5 mg/kg i. m. oder i. v. $^1/2$ Std. vor dem Eingriff, evtl. nach 8 Std. wiederholen Vancomycin 1 g i. v. + Tobramycin 1,5 mg/kg i. v. oder i. m. 1 Std. vor dem Eingriff, evtl. nach 8 – 12 Std. wiederholen
Subkutane Abszesse	Flucloxacillin 2 g p. o. 1 Std. vor dem Eingriff, nach 6 Std. 500 mg Bei Penicillinallergie: Erythromycin 1 g p. o. 1 Std. vor dem Eingriff nach 6 Std. 500 mg	Flucloxacillin 1 g i. v. $^1/2$ Std. vor dem Eingriff, nach 8 Std. wiederholen Vancomycin 1 g i. v. Infusionsbeginn 1 Std. vor dem Eingriff, keine zweite Dosis notwendig

Antibiotika in der Schwangerschaft

	Substanz	Mögliche Nebenwirkungen
Unbedenklich	Cephalosporine Chloroquin Erythromycin-Base Ethambutol Fusidinsäure Niclosamid Nystatin (lokal) PAS Penicilline Praziquantel Proquanil Pyrantel Spectinomycin	
Mit Vorsicht anzuwenden	Acyclovir Aminoglycoside Amphotericin B Chinin Diloxanid Imipenem Isoniazid Ketoconazol Mebendazol Miconazol Pentamidin Rifampicin Tiabendazol Trimethoprim Vidarabin Zidovudin	 Schädigung 8. Hirnnerv In hoher Dosis Aborte Potentiell teratogen Teratogen im Tierversuch Teratogen im Tierversuch Teratogen im Tierversuch Teratogen im Tierversuch Mutagen in vitro

Substanz	Mögliche Nebenwirkungen
Kontraindiziert	

Substanz	Mögliche Nebenwirkungen
Amantadin	Teratogen im Tierversuch
Chloramphenicol	Gray-Syndrom
Ciprofloxacin	
Clindamycin	
Colistin	
Cotrimoxazol**	
Dehydroemetin	Kardiotoxisch
Enoxacin	
Erythromycin-Estolat	Hepatotoxisch für Mutter
Flucytosin	Teratogen im Tierversuch
Griseofulvin	Teratogen im Tierversuch
Metronidazol*	Teratogen im Tierversuch
Nitrofurantoin**	Hämolyse bei G6PD-Mangel
Norfloxacin	Arthropathie
Ofloxacin	
Ornidazol*	Teratogen im Tierversuch
Primaquin	Hämolyse bei G6PD-Mangel
Pyrimethamin	Potentiell teratogen
Streptomycin	Ototoxizität
Sulfonamide**	Kernikterus
Tetracycline	Zahnverfärbung, Knochenwachstumshemmung
Tinidazol*	Teratogen im Tierversuch
Trimethoprim/ Sulfamethoxazol**	Hämolyse bei G6PD-Mangel Kernikterus
Vancomycin	

* Kontraindiziert im 1. Trimenon
** Kontraindiziert in den letzten 4 Schwangerschaftswochen, sub partu und in der Stillzeit

Serumspiegelbestimmung

Serumspiegelbestimmungen sind angezeigt bei Anwendung von Antibiotika mit geringer therapeutischer Breite, um konzentrationsabhängige, toxische Nebenwirkungen zu vermeiden, sowie um ausreichend hohe Serumkonzentrationen zu erreichen, die eine Voraussetzung für die klinische Effektivität dieser Substanzen darstellt. Drug monitoring empfiehlt sich vor allem für Aminoglykoside und Vancomycin, deren Serumkonzentration trotz Dosisanpassung an das Körpergewicht und die Nierenfunktion des Patienten individuell sehr schwanken kann. Bei folgenden Patienten ist eine routinemäßige Serumspiegelbestimmung während der Therapie mit diesen Antibiotika besonders wichtig:

a) bei Patienten mit lebensbedrohlichen Infektionen zur Erreichung optimaler Antibiotika-Konzentrationen im Blut

b) bei Patienten mit instabiler Hämodynamik (z.B. bei Blutungen, Schock), nach Transfusionen oder Flüssigkeitssubstitution in größeren Mengen

c) bei Patienten mit Niereninsuffizienz

d) bei Neugeborenen und Kleinkindern

Die Blutproben (jeweils 2 – 4 ml) sollten zu folgenden Zeitpunkten entnommen werden:

Spitzenspiegel: 15 – 30 Minuten nach Infusionsende

Talspiegel: direkt vor der nächsten Antibiotikagabe

Antibiotikum	Sollwerte (mg/l)	
	Spitzenspiegel	Talspiegel
Gentamicin	5 – 10	< 2
Tobramycin	5 – 10	< 2
Netilmicin	5 – 10	< 2
Amikacin	20 – 30	< 10
Vancomycin	20 – 40	5 – 10

Dosierung: Auch bei renaler Insuffizienz muß anfangs immer eine Volldosis appliziert werden. Berechnung der Dosisreduktion siehe unter den einzelnen Substanzen.

Die Toxizität der Aminoglykoside kann wie folgt eingestuft werden:
Nephrotoxizität: Gentamicin = Amikacin > Tobramycin = Netilmicin
Ototoxizität: Amikacin > Gentamicin = Tobramycin > Netilmicin

Folgende Faktoren erhöhen das Toxizitätsrisiko unter Aminoglykosid-Therapie:
- hohe Serumspiegel,
- Therapiedauer > 10 Tage,
- Dehydration,
- Leberfunktionsstörung,
- hohes Lebensalter,
- gleichzeitige Gabe von anderen nephrotoxischen Substanzen (z. B. Amphotericin B, Cisplatin u. a.),
- starkes Übergewicht,
- vorbestehende Niereninsuffizienz,
- Abstand zwischen zwei Behandlungszyklen < 6 Wochen.

Infektionsprophylaxe für Reisende

Impfung/ Prophylaxe	Anwendung	Beginn und Dauer d. Schutzwirkung	Schutzwirkung
Cholera	Totimpfstoff Beginn: mindestens 8 Tage vor der Einreise 1. Injektion 0,4 ml s.c. 2. Injektion 0,6 ml s.c. in 1 – 8 Wo Abstand oder einmalige Injektion von 1 ml s.c.	Nach 6 Tagen für 6 Monate	50–60%
Gelbfieber	Lebendimpfstoff Beginn: mindestens 7 Tage vor der Einreise Einmalgabe i.m. (s.c.)	Nach 7–10 Tagen für 10 Jahre	100%
Poliomyelitis	Lebendimpfstoff 3 orale Gaben im Abstand von 6 Wo	Impfschutz 10 Jahre	95–100%
Typhus	Lebendimpfstoff (Typhoral®) Beginn: mindestens 5 Tage vor der Abreise je 1 Kapsel am 1., 3., 5. Tag	Impfschutz 2 Jahre	etwa 70%
Tetanus	Entgiftetes Tetanustoxin 2 x 0,5 ml i.m. im Abstand von 6 Wo. Dritte Gabe nach 8 Wo – 12 Mo.	Impfschutz 10–20 Jahre	100%

Nebenwirkungen	Kommentar
Lokale Reaktionen mit Schwellung und Rötung; Kopfschmerzen, Temperaturerhöhung	Freiwillige Impfung von der WHO nicht empfohlen. Sie wird evtl. von nationalen Gesundheitsbehörden bei der Einreise aus oder in Endemiegebiete gefordert. Kontraindikation: Kinder < 12 Monate.
Gut verträglich	Obligate Reiseimpfung durch autorisierte Stellen. Kontraindikation: Kinder < 12 Monate, Immunschwäche, Hühnereiweißallergie + Schwangerschaft. Eine nachfolgende Polio- oder Typhusimpfung sollte erst in einem Abstand von 2 Wo nach der Gelbfieberimpfung erfolgen.
Gut verträglich (leichtes Fieber)	Freiwillige Impfung bei Reisen in Endemiegebiete. Kontraindikation: akute, fieberhafte Erkrankungen, Immunschwäche. Eine nachfolgende Gelbfieberimpfung sollte erst in einem Abstand von 4 Wo, eine Typhusimpfung im Abstand von 2 Wo nach der Polioimpfung erfolgen.
Keine Nebenwirkungen	Empfohlen bei Reisen unter schlechten hygienischen Bedingungen. Kontraindikation: Schwangerschaft, Kinder < 4 Mo, Immunschwäche, akute fieberhafte Erkrankung. Aus „Sicherheitsgründen" sollte die Typhusimpfung vor Beginn der Malariaprophylaxe abgeschlossen sein. Eine Polio- oder Gelbfieberimpfung soll frühestens 3 Tage nach Beendigung der Typhusimpfung durchgeführt werden.
Gut verträglich, gelegentlich Lokalreaktionen	Generell bei Reisen in Länder mit mangelhafter medizinischer Versorgung dringend empfohlen.

Impfung/ Prophylaxe	Anwendung	Beginn und Dauer Schutzwirkung	Schutzwirkung
Hepatitis A	Passive Impfung mit humanem Immunglobulin 5 ml i.m., bzw. 2 ml für Kinder ab dem 2. Lebensjahr und bis 20 KG	Wirkung sofort für 8–12 Wochen	80–90%
Malaria-Prophylaxe	Chloroquin (Resochin®) Beginn: eine Woche vor Einreise 2 Tbl/Wo (gleichzeitig und immer am selben Wochentag) Ende: 6 Wo nach Rückkehr Einnahme stets nach dem Essen, Dosierung bei Kindern: <　1 J　1/4 Tbl Resochin 1 – 4 J　1/2 Tbl Resochin 5 – 10 J　1 Tbl Resochin	Beginn nach 1 Woche, Schutz während der Einnahmezeit	Kein absoluter Schutz vor Erkrankung. Milderung des Verlaufs

Nebenwirkungen	Kommentar
Lokale, leichte Schmerzen	Insbesondere bei Reisen unter schlechten hygienischen Bedingungen empfohlen.
Gastrointestinale Störungen (besonders zusammen mit Alkoholkonsum) Sehstörungen, allergische Reaktionen	Alternativen für Länder mit Chloroquin-Resistenz: (I) Bei Kurzaufenthalten in Ländern mit partieller Chloroquin-Resistenz kann Dosis auf 2 x 2 Tbl erhöht werden. (II) Bei Kurzaufenthalten ($\leq$ 3 Wo) Lariam® 1 Tbl/Wo. Zur Zeit in der Schwangerschaft kontraindiziert, da keine Ergebnisse über eine mögliche teratogene Wirkung vorliegen. (III) Chloroquin in Kombination mit Proquanil (Paludrine®) tägl 2 Tbl oder wöchentlich 2 Tbl Chlorproquantil (Lapudrine®). Beides in der BRD nicht im Handel (über internationale Apotheken erhältlich). Vorteil: Diese Prophylaxe kann auch in der Schwangerschaft genommen werden

Bestimmungen im internationalen Reiseverkehr

Land	Malaria	Cholera	Typhus	Gelbfieber
Ägypten	e	e	e	*
Äquatorialguinea	e	e	e	e*
Äthiopien	e	e	e	e*
Afghanistan	e	e	e	*
Albanien		*		*
Algerien	e		e	*
Angola	e	e	e	e*
Antigua/Barbuda				*
Argentinien	e		e	
Australien				*
Bahamas			e	*
Bahrain		e	e	*
Bangladesh	e	e	e	*
Barbados			e	*
Belize	e		e	*
Benin	e	e	e	E
Bhutan	e	e	e	*
Birma	e	e	e	*
Bolivien	e		e	e*
Botswana	e	e	e	
Brasilien	e		e	e*
Brunei		e	e	*
Burkina Faso	e	e	e	E
Burundi	e	e	e	*
Chile			e	
China	e		e	*

E = Impfbescheinigung erforderlich   e = Impfung bzw. Propyhlaxe empfohlen
° = Ausnahme : bei Einreise aus infektionsfreien Gebieten und Aufenthalt von weniger als zwei Wochen.

Land	Malaria	Cholera	Typhus	Gelbfieber
Cook Inseln			e	
Costa Rica	e		e	
Dominica			e	*
Dominik. Republik	e		e	
Dschibuti	e	e	e	*
Ecuador	e		e	
Elfenbeinküste	e	e	e	E
El Salvador	e		e	*
Falklandinseln			e	
Fidschi			e	*
Franz. Guayana	e		e	E°
Franz. Polynesien			e	*
Gabun	e	e	e	E
Gambia	e	e	e	E
Ghana	e	e	e	E
Grenada			e	*
Griechenland				*
Guadeloupe				*
Guam			e	*
Guatemala	e		e	*
Guinea	e	e	e	e*
Guinea Bissau	e	e	e	e*
Guyana	e	e	e	e*
Haiti	e		e	*
Honduras	e		e	*
Hongkong			e	
Indien	e	e	e	*

* = Impfbescheinigung erforderlich beiEinreise aus Infektionsgebieten für Personen älter als 12 Monate (in einigen Ländern ist die Altersgrenze bei 6 Monaten).

Land	Malaria	Cholera	Typhus	Gelbfieber
Indonesien/Bali	e	e	e	*
Irak	e	e	e	*
Iran	e		e	*
Israel			e	
Jamaika			e	*
Japan			e	
Jemen	e	e	e	*
Jordanien		e	e	
Kamerun	e	e	e	E
Kamputschea	e	e	e	*
Kenia	e	e	e	e*
Kiribati			e	*
Kolumbien	e		e	e
Komoren	e		e	
Kongo	e	e	e	E
Korea (Nord u. Süd)		e	e	
Kuba			e	
Kuwait		e	e	
Laos	e	e	e	*
Lesotho		e*	e	*
Libanon		e	e	*
Liberia	e	e	e	E
Libyen	e	e	e	*
Madagaskar	e	e	e	*
Malawi	e	e	e	*
Malaysia	e	e	e	*
Malediven	e	e	e	*

E = Impfbescheinigung erforderlich   e = Impfung bzw. Prophylaxe empfohlen
° = Ausnahme : bei Einreise aus infektionsfreien Gebieten und Aufenthalt von weniger als zwei Wochen.

Land	Malaria	Cholera	Typhus	Gelbfieber
Mali	e	e	e	E°
Malta		*		*
Marokko	e	e	e	
Martinique				*
Mauretanien	e	e	e	E°
Mauritius	e		e	*
Mexico	e		e	*
Mongolei			e	
Montserrat			e	*
Mosambik	e	e	e	*
Namibia	e	e	e	e*
Nauru			e	*
Nepal	e	e	e	*
Neukaledonien			e	*
Nicaragua	e		e	*
Niederl. Antillen			e	*
Niger	e	e	e	E
Nigeria	e	e	e	e*
Niue			e	*
Oman	e	e	e	*
Pakistan	e	e*	e	*
Panama	e		e	E
Papua Neuguinea	e	e	e	*
Paraguay	e		e	*
Peru	e		e	e*
Philippinen	e	e*	e	*
Pitcairn		*	e	*

* = Impfbescheinigung erforderlich beiEinreise aus Infektionsgebieten für Personen älter als 12 Monate (in einigen Ländern ist die Altersgrenze bei 6 Monaten).

Land	Malaria	Cholera	Typhus	Gelbfieber
Portugal				*
Puerto Rico	e	e	e	
Reunion			e	*
Ruanda			e	E
St. Christoph/Nevis			e	*
St Helena			e	
St Lucia			e	*
St. Vincent/Grenadinen			e	*
Salomonen	e		e	*
Sambia	e	e	e	e*
Samoa			e	*
Sao Tome/Principe	e	e	e	E°
Saudi Arabien	e	e	e	*
Senegal	e	e	e	E
Seychellen			e	
Sierra Leone	e	e	e	e*
Simbabwe	e	e	e	*
Singapur		e	e	*
Somalia	e	e*	e	e*
Sri Lanka	e	e	e	*
Sudan	e	e*	e	e*
Südafrika	e	e	e	*
Surinam	e		e	*
Swasiland	e	e	e	*
Syrien	e	e	e	*
Taiwan		e	e	*
Tansania	e	e	e	e*

E = Impfbescheinigung erforderlich   e = Impfung bzw. Prophylaxe empfohlen
° = Ausnahme : bei Einreise aus infektionsfreien Gebieten und Aufenthalt von weniger als zwei Wochen.

Land	Malaria	Cholera	Typhus	Gelbfieber
Thailand	e	e	e	*
Togo	e	e	e	E
Tonga		e	e	*
Trinidad/Tobago			e	*
Tschad	e	e	e	E
Tunesien		e	e	*
Türkei	e	e	e	
Uganda	e	e	e	*
Uruguay			e	
Vanuatu	e		e	
Venezuela	e		e	e
Vereinigte Arab. Emirate	e	e	e	*
Vietnam	e	e	e	*
Zaire	e	e	e	e*
Zentralafrik. Republik	e	e	e	E

---

* = Impfbescheinigung erforderlich beiEinreise aus Infektionsgebieten für Personen älter als 12 Monate (in einigen Ländern ist die Altersgrenze bei 6 Monaten).

Materialentnahme für die bakteriologische Diagnostik

Entnahmetechnik

Blut

Blutkultur

1. Hautdesinfektion : auf die Punktionsstelle Desinfektionsmittel (PVP-Jod oder Jodersatz) auftragen und mind. 1 Minute einwirken lassen. Dann mit Alkohol getränktem, sterilem Tupfer abwischen und lufttrocknen lassen. (Palpierenden Finger auch desinfizieren!)

2. Bei Erwachsenen 10 (bis 20) ml bei Kindern 2 (bis 5) ml Blut entnehmen (nach Möglichkeit nicht aus Braunülen und Venenkathetern).

3. Jeweils die Hälfte des entnommenen Blutvolumens in eine aerobe und anaerobe, vorgewärmte Blutkulturflasche injizieren, nach Desinfektion des Stopfens.

4. Aerobe Kulturflaschen belüften durch Einstechen einer Kanüle in den Stopfen (Kanüle danch wieder entfernen). Anaerobe Kulturflaschen nicht belüften.

Serum

5 – 10 ml Venenblut entnehmen und ohne Zusätze in steriles Blutröhrchen füllen.

Respirationstrakt

Mund-, Rachen-, Nasenabstrich

Mit sterilem Tupfer Abstrich aus dem Entzündungsbereich entnehmen. Berührung mit der umgebenden Schleimhaut vermeiden. Membranöse Beläge stets anheben und von der Unterseite Material entnehmen!

Nasennebenhöhlensekret

Punktion der Nasennebenhöhlen und Aspiration von Sekret, gegebenenfalls Spülung mit Ringerlaktatlösung.

Transport	Bemerkungen
Sofortiger Transport zum Labor (durch Boten). Gegen Abkühlung schützen (Thermobehälter). Ist der Transport nicht sofort möglich, Blutkulturflaschen bei 37° C inkubieren (z.B. über Nacht).	Entnahmezeitpunkt: Während des Temperaturanstiegs, nach Möglichkeit vor Beginn der Chemotherapie, ansonsten am Ende von Antibiotika-Dosierungsintervallen. Entnahmehäufigkeit: Innerhalb von 48 Stunden sollten 4 – 6 Proben entnommen werden. Davon nach Möglichkeit 1 bis 2 Entnahmen vor Beginn der Antibiotika-Therapie im Abstand von mind. 15 – 30 Min. Bei Verdacht auf Endokarditis 3 bis 4 Proben vor Beginn der Chemotherapie. Mehr als 4 Proben pro Tag erhöhen nicht die Isolierungsrate!
Bis zum Transport Aufbewahrung bei 4° C empfehlenswert, besonders in der warmen Jahreszeit	Bei langem Transport Trennung des Serums vom Blutkuchen durch Zentrifugation und Einsendung des Serums allein empfehlenswert.
Bei längerer Transport- bzw. Lagerzeit (> 4 Stunden) Abstrichtupfer in Transportmedium einbringen zur Vermeidung der Austrocknung.	Lokale Maßnahmen (Gurgeln, Mundspülung) sollten etwa 6 Stunden vor Materialentnahme zurückliegen.
Sekret in sterilem Röhrchen umgehend ins Labor transportieren. Bei längerer Transportzeit, Transportmedium verwenden.	Abstriche von den Nebenhöhlenostien sind für den Erregernachweis nicht geeignet.

	Entnahmetechnik
Sputum	Expektoration am besten morgens nach sorgfältiger Mundreinigung mit Wasser (keine Desinfektionsmittel verwenden!)
Tracheal-, Bronchialsekret	1. Nasotracheale bzw. pharyngotracheale Aspiration mittels Absaugkatheter 2. Bronchoskopische Absaugung und Bronchial-Lavage 3. Transtracheale Aspiration
Lungengewebe	1. Perkutane Lungenpunktion 2. Transbronchiale Lungenbiopsie 3. Exzision nach Thorakotomie

Urogenitaltrakt

Urin	1. Mittelstrahlurin: Nach sorgfältiger Reinigung der Genitalien mit Seife und Wasser erste Urinportion ablaufen lassen, danach 5 – 10 ml in sterilem Gefäß auffangen. 2. Katheterurin: Reinigung der Genitalien wie oben. Katheter unter sterilen Bedingungen legen. Mittelstrahlurin in sterilem Gefäß auffangen. Bei Dauerkathetern Entnahme der Urinprobe aus proximalem Abschnitt (nicht aus Urinbeutel!) 3. Suprapubische Blasenpunktion: Nach sorgfältiger Hautdesinfektion (siehe unter Blutkultur) Punktion der gefüllten Blase und Aspiration von Urin in sterile Spritze.

Transport	Bemerkungen
Material in sterilem Röhrchen umgehend ins Labor transportieren (Untersuchung sollte innerhalb von 2 – 3 Stunden erfolgen). Wenn nötig, Lagerung bei 4° C (Verarbeitung des Materials jedoch innerhalb von 24 Std.)	Expektoration kann gefördert werden durch Kochsalz% oder Mucolytikuminhalation.
Siehe Sputum	
	Zum Nachweis von Pneumocystis carinii und CMV geeignet.
Evtl. anaerobes Transportmedium verwenden	Mit dieser Methode Vermeidung von Kontamination durch normale Mundflora. Geeignet zum Nachweis von Pilz- und Anaerobier-Infektionen.
Gewebeprobe in sterilem Röhrchen möglichst bald ins Labor transportieren. Gekühlt (4° C) lagern.	Nur in Ausnahmefällen anzuwenden bei fortschreitenden, ätiologisch unklaren Lungenprozessen (z. B. Verdacht auf Pneumocystis carinii-, Nocardia- oder Pilzinfektionen).

Sofortiger Transport zum Labor (Untersuchung innerhalb einer Stunde) oder innerhalb von 24 Stunden gekühlt (4° C) ins Labor transportieren bzw. in Urin-Transportmedium.	Am besten Morgenurin einsenden. Abstand zur letzten Miktion sollte mindestens 3 bis 5 Stunden betragen.
Siehe oben	Einmal-Katheterisierung nur zu diagnostischen Zwecken nicht indiziert, da kein Vorteil gegenüber der Mittelstrahluringewinnung. Außerdem Gefahr der Keimeinschleppung!
Siehe oben	Einzige Möglichkeit der Gewinnung einer kontaminationsfreien Urinprobe.

Entnahmetechnik

Genitalsekrete
Zur Entnahme von Urethral- und Prostatasekret den Bereich um die Harnröhrenöffnung mit Seife und Wasser reinigen und mit sterilem Tupfer abtrocknen. Exprimiertes Sekret entweder in sterilem Röhrchen auffangen oder mit Abstrichtupfer aufnehmen. Entnahme von Cervix-und Vaginalsekret mit Tupfer unter Sicht (Verwendung eines Spekulums).

Gastrointestinaltrakt

Duodenalsaft, Galle
Nach Duodenalsondierung Aspiration von A-, B- und C-Galle (A = Duodenalsaft ohne Stimulierung, B = nach Anregung der Gallenblasenkontraktion, C = nach Gabe eines Choleretikums).

Stuhl
Stuhl soll ohne Urinbeimengung in sauberes Gefäß abgesetzt werden (nicht ins Toilettenbecken!) Eine ca. erbsgroße Portion in Stuhlröhrchen übertragen (bei Blut- oder Schleimauflagerungen Probe aus diesem Bereich entnehmen). Bei flüssigem Stuhl genügen 0,5 bis 1 ml.

Rektalabstrich
Befeuchteten Abstrichtupfer mindestens 5 cm in die Analöffnung einführen.

Eiter und Wundsekrete

Geschlossene Wunden und Abszesse
Nach sorgfältiger Hautdesinfektion (siehe Blutkultur) Punktion des Eiterherdes und Aspiration in sterile Spritze (möglichst vor chirurgischer Eröffnung).

Transport	Bemerkungen
Abstrichtupfer in Transportmedium einbringen und umgehend ins Labor transportieren.	Urethralsekret am besten morgens vor dem Wasserlassen entnehmen. Bei Verdacht auf Gonorrhoe spezielles Transportmedium verwenden oder Material direkt auf vorgewärmte Kulturplatten ausimpfen. Nachweis von Trichomonaden sofort nach der Materialentnahme im Nativpräparat.
Die drei Proben in sterilen Röhrchen zum Labor transportieren.	Zum Nachweis von Lamblien muß nach der Entnahme ein Nativpräparat angefertigt werden.
Am besten ist die sofortige Untersuchung des noch körperwarmen Stuhls (besonders bei Verdacht auf Ruhr). Bei Choleraverdacht Schleimflocken in Röhrchen mit Peptonwasser als Transportmedium übertragen.	Stuhlproben am besten an drei aufeinanderfolgenden Tagen entnehmen. Bei Verdacht auf Amöben oder Lamblien Patienten zur Stuhlgewinnung am besten ins Labor schicken.
Abstrichtupfer in Transportmedium einbringen.	Indiziert bei Verdacht auf Ruhr, ansonsten nur, wenn Entnahme einer Stuhlprobe nicht möglich.
Transport entweder in der Entnahmespritze nach Entfernung etwaiger Luftblasen und Verschluß der Nadel durch Einstecken in Gummistopfen oder Korken oder Übertragung des aspirierten Materials in Anaerobier-Transportgefäß.	

	Entnahmetechnik
Offene Wunden	Oberflächliches Wundsekret steril abtupfen, Material vom Wundboden und vom Randbereich mit sterilem Tupfer entnehmen. Eiter nach Möglichkeit mit Spritze aspirieren. Bei wenig Sekret Gewebeexzision vom Wundrand.

Körperflüssigkeiten

Liquor	Lumbalpunktion streng aseptisch vornehmen (mindestens 2 ml für die mikrobiologische Diagnostik)
Pleura-, Perikardial-, Peritoneal-, Synovialflüssigkeit	Nach sorgfältiger Hautdesinfektion Punktion und Aspiration von 1 – 5 ml Flüssigkeit in sterile Spritze.

Transport	Bemerkungen
Abstrichtupfer in Transportmedium, aspiriertes Sekret oder Gewebeproben in sterile Röhrchen einbringen.	
Liquor in sterilem Röhrchen so schnell wie möglich (durch Boten) ins Labor transportieren. Nicht kühlen!	Bei Verdacht auf Mykobakterien oder Pilze möglichst 10 ml einsenden.
Bei kurzer Transportzeit aspiriertes Material in Entnahmespritze belassen nach Entfernung etwaiger Luftblasen und Verschluß der Nadel mittels Einstecken in Gummistopfen oder Korken. Ansonsten Übertragung des Materials in Anaerobier-Transportgefäß. Nicht kühlen!	Bei Verdacht auf Mykobakterien oder Pilze nach Möglichkeit größeres Volumen einsenden (> 10 ml).

Systematik der wichtigsten bakteriellen Erreger

Grampositive Kokken

	Staphylococcus	S. aureus
		S. epidermidis
		S. saprophyticus
	Streptococcus	S. pyogenes (Serogruppe A)
		S. agalactiae (Serogruppe B)
		S. pneumoniae
		S. salivarius
		S. sanguis
		S. mutans
	Enterococcus	E. faecalis (Serogruppe D)
		E. faecium (Serogruppe D)
	Aerococcus	A. viridans
	Peptococcus (anaerob)	P. niger
	Peptostrepto-coccus (anaerob)	P. anaerobius
		P. asaccharolyticus

Gramnegative Kokken und kokkoide Stäbchen

	Neisseria	N. meningitidis
		N. gonorrhoeae
	Moraxella	
	– Moraxella	M. lacunata
	– Branhamella	B. catarrhalis
	Acinetobacter	A. calcoaceticus
	Kingella	K. kingae
	Veillonella (anaerob)	V. parvula

Gramnegative fakultativ anaerobe Stäbchen

	Escherichia	E. coli
	Citrobacter	C. freundii
		C. diversus
	Salmonella	S. typhi
		S. paratyphi-A, -B, -C
		S. enteritidis
		S. typhimurium

Shigella	S. dysenteriae
	S. flexneri
	S. boydii
	S. sonnei
Klebsiella	K. pneumoniae
	K. oxytoca
	K. ozaenae
Enterobacter	E. cloacae
	E. agglomerans
	E. aerogenes
Serratia	S. marcescens
	S. liquefaciens
Proteus	P. vulgaris
	P. mirabilis
Morganella	M. morganii
Providencia	P. rettgeri
	P. alcalifaciens
Hafnia	H. alvei
Erwinia	E. herbicola
Edwardsiella	E. tarda
Yersinia	Y. pestis
	Y. pseudotuberculosis
	Y. enterocolitica
Vibrio	V. cholerae
Aeromonas	A. hydrophila
Pasteurella	P. multocida
Haemophilus	H. influenzae
	H. parainfluenzae
	H. ducreyi
Gardnerella	G. vaginalis
Streptobacillus	S. moniliformis
Campylobacter	C. fetus
	C. jejuni
	C. coli
	C. pylori

Gramnegative aerobe Stäbchen

Pseudomonas	P.	aeruginosa
	P.	fluorescens
	P.	(pseudo-) mallei
	P.	maltophilia
Legionella	L.	pneumophila
	L.	micdadei
Brucella	B.	melitensis
	B.	abortus
Bordetella	B.	pertussis
	B.	bronchiseptica
Francisella	F.	tularensis

Gramnegative anaerobe Bakterien

Bacteroides	B.	fragilis
	B.	oralis
	B.	melaninogenicus
Fusobacterium	F.	nucleatum
	F.	varium
Leptotrichia	L.	buccalis

Grampositive, sporenbildende Stäbchen

Bacillus	B.	subtilis
(aerob)	B.	anthracis
	B.	cereus
Clostridium	C.	botulinum
(anaerob)	C.	tetani
	C.	perfringens
	C.	ramosum
	C.	novyi
	C.	septicum
	C.	difficile

Grampositive nichtsporenbildende, stäbchenähnliche Bakterien

Listeria	L.	monocytogenes
Erysipelothrix	E.	rhusiopathiae

Corynebacterium	C. diphtheriae
	C. pseudotuberculosis
Propionibacterium (anaerob)	P. acnes

Aktinomyzeten und verwandte Organismen

Nocardia	N. asteroides
	N. brasiliensis
Actinomyces (anaerob)	A. israelii
Bifidobacterium (anaerob)	B. bifidum
	B. dentium
Mycobacterium	M. tuberculosis
	M. bovis
	M. avium-intracellulare
	M. leprae

Spirochäten

Treponema	T. pallidum
	T. vincentii
Borrelia	B. recurrentis
	B. burgdorferi
Leptospira	L. interrogans

Obligat intrazelluläre Erreger

Rickettsia	R. prowazekii
	R. typhi
Coxiella	C. burnetti
Chlamydia	C. trachomatis
	C. psittaci

Pleomorphe Mikroorganismen ohne Zellwand

Mycoplasma	M. pneumoniae
	M. hominis
Ureaplasma	U. urealyticum

Index

Achromobacter 148
Achromycin 70
Aciclovir 113
Acinetobacter 148, 226
Acylaminopenicilline 18, 30 – 35
Aeromonas 148, 227
Aerugipen 36
AIDS 116, 163, 183
Aktinomykose 154
Aktinomyzeten 148, 154, 229
Amantadin 114
Amblosin 28
Amikacin 19, 68
Aminobenzylpenicilline 18, 28
Aminoglykoside 19, 66 – 69
 – Serumspiegel 204
Amoebenruhr 126, 154
Amoebiasis 154
Amoxicillin 18, 28
Amoxicillin/Clavulansäure 62
Amoxypen 28
Amphotericin B 19, 96
Ampicillin 18, 28
Ampicillin/Sulbactam 64
Ancotil 98
Angina Plaunt-Vincenti 12
Antibiotika in der
 Schwangerschaft 202
Antibiotika-Prophylaxe in der
 – Allgemeinchirurgie 196
 – Gynäkologie 196
 – Neurochirurgie 198
 – Orthopädie 198
 – Thorax- und
  Gefäßchirurgie 198
Antibiotika-Serumspiegel 204
Antimykotika 96 – 103
Apalcillin 18, 32
Apatef 44
Arsobal 187
Arthritis 120
Ascariasis 156
Aspergillose 156
A-Streptokokken 144
 – Erysipel 164
 – Scharlach 186
Augmentan 62
Azactam 60
Azidothymidin 116
Azithromycin 118

Azlocillin 18, 34
Aztreonam 18, 60

Bacampicillin 18, 28
Bacillus anthracis 148, 180, 228
Bacteroides fragilis 148, 228
Bacteroides spp. 148
Bactrim 86
Bakteriurie 130
Bandwurm 156
Barazan 76
Baycillin 24
Baypen 30
Benzathin-Penicillin G 18, 22
Benzylpenicilline 18, 22
Beromycin 24
Beta-Laktamantibiotika 18
Beta-Laktamase-Hemmer 18, 62 – 65
Betabactyl 62
Bidocef 54
Biklin 68
Bilharziose 186
Biltricide 157, 187
Binotal 28
Blastomykose 158
Blutkulturentnahme 218
BMY-28100 117
Bordetella pertussis 148, 170, 228
Borrelia bugdorferi 148, 178, 229
Borrelia recurrentis 148, 229
Botulismus 158
Branhamella catarrhalis 148, 226
Bronchialsekret 220
Bronchitis 120
Brucella 148, 160, 228

Campylobacter jejuni 126, 148, 227
Candidiasis 160
Capreomycin 111
Carbapeneme 19, 58
Carboxypenicilline 18, 36, 37
Cardiolipin-Antikörper 177
Cefaclor 54
Cefadroxil 54
Cefalexin 18, 54
Cefalotin 18, 38
Cefamandol 18, 40
Cefazedon 18, 38
Cefazolin 18, 38
Cefepim 117

Cefetamet-Pivoxil 117
Cefixim 117
Cefmenoxim 18, 48
Cefobis 52
Cefodizim 117
Cefoperazon 18, 52
Cefotaxim 18, 46
Cefotetan 18, 44
Cefotiam 18, 40
Cefoxitin 18, 42
Cefpiramid 117
Cefpirom 117
Cefsulodin 18, 53
Ceftazidim 18, 50
Ceftibuten 117
Ceftix 48
Ceftizoxim 18, 48
Ceftriaxon 18, 46
Cefuroxim 18, 40
Cefuroximaxetil 18, 56
Cephalosporine der
   1. Generation 18, 38
Cephalosporine der
   2. Generation 18, 40 – 44
Cephalosporine der
   3. Generation 18, 45 – 53
Cephalotin 38
Ceporexin 54
Cepovenin 38
Certomycin 68
Cesol 157, 187
Chagas-Krankheit 162
Chinin 179
Chinolone s. Fluorochinolone
   76 – 81
Chlamydia 149, 182, 190, 229
Chloramphenicol 82
Chloroquin 155, 179
Chlorproquantil 209
Cholangitis/ Cholezystitis 120
Cholera 162, 206, 210 – 215
Ciprobay 80
Ciprofloxacin 19, 80
Citrobacter 149, 226
Claforan 46
Clamoxyl 28
Clemizol-Penicillin G 22
Clindamycin 19, 84
Clofazimin 150, 175
Clont 92
Clostridium botulinum 158, 228
Clostridium difficile 128, 149, 228
Clostridium perfringens 149, 166, 228

Clostridium tetani 149, 188, 228
Coccidioides 170
Corynebacterium diphtheriae
   149, 164, 229
Corynebacterium JK 149
Cotrimoxazol 86
Coxiella burnetti 184, 229
Cryptocillin 26
Cryptococcus 172
Cryptosporidiose 162
Cycloserin 112

Daktar 102
Dametin 155
Dapsone 175
Daptomycin 118
Daraprim 189
Dehydroemetin 155
Diarrhoe s. Gastroenteritis 126
Diclor-Stapenor 26
Dicker Tropfen 162, 178
Dicloxacillin 18, 26
Diphtherie 164
Doxycyclin 19, 72
Drusen s. Aktinomykose 154
Dudenalsaft 168, 222

Echinokokkose 164
Einschlußkunjunktivitis 190
Eiter 222
Ektebin 108
Elobact 56
Elzogram 38
Endokarditis 122
Endokarditis-Prophylaxe 200
Enoxacin 19, 78
Entamoeba histolytica 154
Enterobacter 149, 227
Enterobius 182
Enterococcus faecalis 149, 226
Enterococcus faecium 149, 226
Epididymitis 124
Epiglottitis 126
Erycinum 74
Erysipel 164
Erysipeloid 166
Erysipelothrix 166, 228
Erythema chronicum migrans 179
Erythrocin 74
Erythromycin 19, 74
Escherichia coli 149, 226
Ethambutol 105
Eusaprim 86

Fadenwurm 190
Fansidar 179
Fansimef 179
FCE-22101 118
Flagyl 92
Fleckfieber 166
Fleroxacin 118
Flucloxacillin 18, 26
Fluconazol 118
Flucytosin 98
Fluorochinolone 19, 76 – 81
Fortum 50
Fosfocin 88
Fosfomycin 88
Francisella tularensis 149, 194, 228
Freinamen-Verzeichnis 14
FTA-ABS-Test 176, 177
Fucidine 90
Fusidinsäure 90
Fusobakterien 12, 228

Galleaspirat 222
Ganciclovir 118
Gardnerella vaginalis 146, 149, 227
Gasbrand, Gasödem 10, 166
Gastroenteritis 126
Gelbfieber 206, 210 – 215
Genitalsekrete 222
Gentamicin 19, 66
Germanin 187
Gernebcin 66
Giardiasis 168
Glucantime 173
Glykopeptid-Antibiotika 19, 94
Gonokokken 130, 140, 149, 169
Gonorrhoe 168
Gramaxin 38
Gramfärbung 8
Gray-Syndrom 82
Gyramid 78

Haemophilus ducreyi 149, 227
Haemophilus influenzae 9, 149, 227
Handelsnamen-Verzeichnis 16
Harnwegsinfektionen 128
Helmex 157, 183
Hepatitis A 208
Herpes-Viren 113, 115
Hirnabszeß 130
Histoplasmose 168
HIV 116
Hostacyclin 70
Humatin 155

Imidazole 19
Imipenem 18, 58
Impfung 206 – 215
Infektionsprophylaxe 206
Influenza-A-Virus 114
Isocillin 24
Isoniazid 104
Itraconazol 118

Josamycin 19, 74

Kala-Azar 172
Ketoconazol 19, 100
Keuchhusten 170
Klebsiella 150, 227
Klinomycin 72
Kokzidioidomykose 170
Krypokokkose 172

Lambliasis 168
Lampit 163
Lapudrine 209
Lariam 179, 209
Latamoxef 18, 45
Leberabszeß 130
Legionella 138, 150, 172, 228
Legionellose 172
Leishmaniase 172
Lepra 174
Leptospiren 150, 229
Leptospirose 174
Lincosamine 19, 84
Liquorpunktion 224
Listerien 150, 228
Listeriose 176
Lomefloxacin 118
Loracarbef 117
Lues 176
Lumota 32
Lungenabszeß 132
Lungengewebsentnahme 220
Lyme-Krankheit 178
Lymphogranuloma venereum 178

Madenwurm 182
Malta-Fieber 160
Makrolide 19, 74
Malaria 178, 208 – 215
Mandokef 40
Mansil 187
Mastitis 132
Materialentnahme 217 – 225
Mebendazol 157, 165, 183, 191, 193

Mefloquin 179
Mefoxitin 42
Megacillin 22
Megluminantimonat 173
Melarsoprol 187
Mel B 187
Meningitis 132
Meningokokken 132, 144, 180
Methylenblaufärbung 8
Metronidazol 19, 92
Mezlocillin 18, 30
Miconazol 19, 102
Mikroskopie 8
Milzbrand 180
Minocyclin 19, 72
Minzolum 191
Molevac 183, 193
Monobactame 18, 60
Morbus Bang 160
Morganella 150, 227
Moxalactam 45
Myambutol 105
Mycobacterium avium-intracellulare 150, 228
Mycobacterium fortuitum 150
Mycobacterium kansasii 150
Mycobacterium leprae 150, 174, 228
Mycobacterium marinum 150
Mycobacterium tuberculosis 150, 192, 228
Mykoplasmen 138, 150, 229

Natriumstibogluconat 173
Neisseria gonorrhoeae 12, 168, 226
Neisseria meningitidis 9, 226
Neoteben 104
Netilmicin 19, 68
Niclosamid 157
Nifurtimox 163
Nitroimidazole 19, 92
Nizoral 100
Nocardia 150, 180, 229
Nocardiose 180
Norfloxacin 19, 76
Nystatin 19, 146, 161

Ofloxacin 19, 78
Ogostal 111
Oracef 54
Organinfektion 120 – 147
Oricillin 24
Orientbeule 172
Ornidazol 19, 155

Ornithose 182
Osteomyelitis 134
Otitis media 134
Oxacillin 18, 26
Oxamniquin 187
Oxytetracyclin 19, 70
Oxyuriasis 182

Paludrine 209
Pädiathrocin 74
Pankreasabszeß 134
Pankreatitis 134
Panoral 54
Para-Aminosalicylsäure 109
Parasitäre Erkrankungen s. auch Wurmerkrankungen
 – Chagas-Krankheit 162
 – Cryptosporidiose 162
 – Giardiasis (Lambliasis) 168
 – Leishmaniase (Kala-Azar, Orientbeule) 172
 – Malaria 178
 – Pneumocystis 182
 – Schlafkrankheit 186
 – Toxoplasmose 188
 – Trichomoniasis 190
Paratyphus 194
Paraxin 82
Paromomycin 155
PAS 109
Pasteurella multocida 150, 227
Pefloxacin 118
Peitschenwurm 192
Pen-Bristol 28
Penglobe 28
Penicillin G 18, 22
Penicillin V 18, 24
Pentacarinat 173, 183, 187
Pentostam 173
Peptokokken, Peptostreptokokken 151, 226
Perikarditis 136
Peritonitis 136
Pertussis 170
Peteha 108
Pilzerkrankungen
 – Aspergillose 156
 – Blastomykose 158
 – Candidiasis 160
 – Histoplasmose 168
 – Kokzidioidomykose 170
 – Kryptokokkose 172
Piperacillin 18, 32

Piperazin 157
Pipril 32
Plasmodium 178
Pleuraempyem 136
Pneumocystis 182
Pneumokokken 144, 151
Pneumonie 138
Poliomyelitis 206
Polyene 19
Praziquantel 187
Propicillin 18, 24
Proquanil 209
Prostatitis 140
Proteus 151, 227
Prothionamid 108
Providencia 151, 227
Pseudocef 53
Pseudomembranöse Colitis s. Antibiotika assoziierte Colitis 128
Pseudomonas 151, 228
Psittakose 182
Pyelonephritis 128
Pyrafat 110
Pyrantel 157, 183
Pyrazinamid 110
Pyrimethamin 189
Pyrviniumembonat 183, 193

Q-Fieber 184

Reise-Diarrhoe 127
Refobacin 66
Refosporin 38
Rektalabstrich 182, 184, 222
Resochin 179, 208
Retrovir 116
Reverin 70
Rickettsien 151, 166, 184
Rifa 106
Rifampicin 106
Rifoldin 106
Rimactan 106
Rocephin 46
Rolitetracyclin 19, 70
Rotaviren 127
Rovamycin 163, 189
Roxithromycin 118
Ruhr 184

Sabin-Feldman Test 188
Säurefeste Stäbchen 174, 180, 192
Salmonella 126, 151, 194, 226
Salpingitis 140

Scharlach 186
Schistosomiasis 186
Schlafkrankheit 186
Schwangerschaft und Antibiotika 202
Schweinerotlauf 166
Schwimmbadkonjuktivits 191
Securopen 34
Selectomycin 163, 189
Sepsis 140
Serratia 151, 227
Shigella 126, 151, 184, 227
Sinusitis 144
Sobelin 84
Spectinomycin 169
Spiegelbestimmung im Serum 204
Spiramycin 163, 189
Spirochäten 12, 176, 178, 229
Spizef 40
Spulwurm 156
Stapenor 26
Staphylex 26
Staphylococcus aureus 11, 124, 142, 226
Staphylococcus epidermidis 124, 142, 226
Staphylokokken 151
Streptococcus pneumoniae 9, 226
Streptococcus pyogenes 11, 226
Streptokokken 152, 164
Streptomycin 19, 107
Streptothenat 107
Sulfadiazin 181
Sulfamethoxazol 86
Supramycin 70
Suramin 187
Symmetrel 114
Syphilis 176

Tacef 48
Taenia saginata, T. solium 156
Tasnon 157
Tardocillin 22
Targocid 94
Tarivid 78
Tazobactam 118
Teicoplanin 19, 94
Temocillin 18, 37
Temopen 37
Terramycin 70
Terravenös 70
Tetagam 189
Tetanol 189

Tetanus 188, 206
Tetracyclin 19, 70
Tetracycline 19, 70 – 73
Tiabendazol 191
Tiberal 155
Ticarcillin 18, 36
Ticarcillin/Clavulansäure 62
Tinidazol 19, 169
Tobramycin 19, 66
Tonsillitis 146
Toxoplasma gondii 188
Toxoplasmose 188
TPHA-Test 177
Trachom 190
Treponema pallidum 152, 176, 229
Trichinellose 190
Trichomoniasis 146, 190
Trichuriasis 192
Timethoprim/Sulfamethoxazol 86
Trypanosoma 162, 186
Tuberkulose 192
Tuberkulostatika 104 – 112
Tularämie 194
Typhoral 206
Typhus 194, 206, 210 – 215

Unacid 64
Urethralsyndrom 128
Urethritis 130

Vaccinia-Virus 115
Vaginitis 146
Vancomycin 19, 94
– Serumspiegel 204
Varicella-Zoster-Virus 113, 115
VDRL-Test 177
Vermicompren 157
Vermox 157, 165, 183, 191, 193
Vibrionen 152, 162
Vidarabin 115
Virustatika 113 – 116
Vitamin K-abhängige Blutungen
  40, 44, 45, 48, 52

Weil-Felix-Reaktion 166
Widalsche Reaktion 194
Wilprafen 74
Wurmerkrankungen
  – Ascariasis 156
  – Bandwurm (Zystizerkose) 157
  – Echinokokkose 164
  – Oxyuriasis 182
  – Schistosomiasis

  (Bilharziose) 186
  – Trichinellose 190
  – Trichuriasis 192

Yersinia enterocolitica 126, 152, 227
Yersinia pestis 152, 227
Yersinia pseudotuberculosis 152, 227
Yomesan 157

Zidovudin 116
Ziehl-Neelsen-Färbung
  174, 180, 192
Zienam 58
Zinacef 40
Zovirax 113
Zystitis 128
Zystizerkose 158

Verzeichnis der Abkürzungen

AK	Anikörper
ARC	AIDS Related Complex
CMV	Cytomegalie-Virus
Cr-Cl	Creatinin Clearance
DFT	Direkter Fluoreszenztest
EBV	Epstein-Barr-Virus
ELISA	Enzyme-linked Immunosorbent Assay
FTA	Fluoreszenz Treponema Antikörpertest
G6PD	Glukose-6-Phosphat Dehydrogenase
HD	Hämodialyse
HWI	Harnwegsinfektion
HWZ	Halbwertszeit
IFT	Immunfluoreszenztest
IHA	Indirekte Haemagglutination
INH	Isoniazid
KBR	Komplementbindungsreaktion
NF	Nierenfunktion
NI	Niereninsuffizienz
PD	Peritonealdialyse
PVP	Polyvinylpyrrolidon
TPHA	Treponema pallidum Haemagglutinationstest
VDRL	Venereal Disease Research Laboratories

MIX
Papier aus verantwortungsvollen Quellen
Paper from responsible sources
FSC® C105338

If you have any concerns about our products,
you can contact us on
ProductSafety@springernature.com

In case Publisher is established outside the EU,
the EU authorized representative is:
**Springer Nature Customer Service Center GmbH
Europaplatz 3, 69115 Heidelberg, Germany**

Printed by Libri Plureos GmbH
in Hamburg, Germany